机器学习实战之网络安全分析

Machine Learning Approaches in Cyber Security Analytics

【印】Tony Thomas
Athira P. Vijayaraghavan 著
Sabu Emmanuel

郝英好 计宏亮 安达 陈磊 许守任 译

国防工业出版社
·北京·

著作权合同登记 图字：01－2022－4699 号

图书在版编目（CIP）数据

机器学习实战之网络安全分析／（印）托尼·托马斯（Tony Thomas），（印）阿西拉·P. 维贾亚拉哈万，（印）萨布·艾曼纽（Sabu Emmanuel）著；郝英好等译．—北京：国防工业出版社，2022.9

书名原文：Machine Learning Approaches in Cyber Security Analytics

ISBN 978-7-118-12670-9

Ⅰ．①机… Ⅱ．①托… ②阿… ③萨… ④郝…
Ⅲ．①机器学习－应用－计算机网络－网络安全
Ⅳ．①TP393.08

中国版本图书馆 CIP 数据核字（2022）第 162355 号

※

国防工業出版社 出版发行
（北京市海淀区紫竹院南路 23 号　邮政编码 100048）
北京龙世杰印刷有限公司印刷
新华书店经售

*

开本 710×1000　1/16　**印张** 13　**字数** 225 千字
2022 年 9 月第 1 版第 1 次印刷　**印数** 1—1700 册　**定价** 89.00 元

（本书如有印装错误，我社负责调换）

国防书店：（010）88540777　　书店传真：（010）88540776
发行业务：（010）88540717　　发行传真：（010）88540762

前　　言

有关本书

大量网络数据的生成和传输给网络安全带来挑战，专家发现越来越难以监测数据流动及识别潜在的网络威胁和攻击。面对日趋频繁和复杂的网络攻击，要求机器能够更快地预测、检测和识别网络攻击。正是在此背景下，进一步凸显了机器学习的重要性，其可利用不同的工具和技术自动且快速地预测、检测与识别网络攻击。本书介绍了用于网络安全分析的各种机器学习方法。

本书重点讨论可用于网络安全分析的机器学习算法，并讨论网络安全分析对机器学习研究的补充作用。机器学习的潜在应用领域包括恶意程序检测、生物识别、异常检测、网络攻击预测等。

本书为有关利用各种机器智能方法进行网络安全分析的研究专著，大部分内容都源自作者的原创性研究成果，可使网络安全和机器学习研究人员、网络安全研究和开发人员受益匪浅。为更好地理解本书，读者应至少掌握一些数学、统计学和计算机科学等本科专业的相关知识。

目的与应用范围

当前，机器学习技术已广泛应用于语音识别、欺诈检测、垃圾邮件过滤、文本处理、搜索推荐和视频分析等领域。机器学习技术使得更强的数据分析能力和更低的计算成本成为可能。同时，机器学习技术在各领域的应用也促进了机器学习研究的与时俱进。广义上来说，机器学习是指通过机器训练以解决问题的一系列技术。在机器训练后，可针对同一问题提供多个解决方案。

网络安全领域快速发展，并且随着物联网、云和网络技术、在线银行、移动环境、智能电网等方面的突飞猛进，引起了人们的广泛关注。随着新技术纷纷采用机器学习方法，机器学习也确实引起了人们的兴趣，想弄清楚机器学习的学习内容以及如何应用于网络安全分析。

面对日趋频繁和复杂的网络攻击，要求机器能够更快地预测、检测和识别网络攻击行为。机器学习可利用不同的工具和技术自动且快速地预测、检测和识别网络攻击。目前，已采用多种机器学习方法来解决各种网络安全问题。本书举例说明了机器学习在网络安全领域的广泛应用，还介绍了通过机器智能方法进行网络安全分析的最新研究成果。本书的大部分内容均源自作者的原创性研究成果，可使网络安全和机器学习的研究人员、网络安全开发人员受益匪浅。

Tony Thomas
Athira P. Vijayaraghavan
Sabu Emmanuel
印度蒂鲁文南特布勒姆州
2019 年 2 月

目　　录

第1章 简　　介

假设我们将为智能手机开发自动化的恶意程序检测机制。我们希望此类检测机制能在后台运行，并在用户安装或运行任何恶意应用程序时可及时提醒用户。随着恶意软件的不断演变，基于规则的检测机制可能无法再仅依赖于一组规则将应用程序识别为恶意软件或善意软件。我们可能需要一个基于统计模型的检测机制，而非确定性规则。该统计模型已应用于许多已知恶意软件和善意软件样本中，根据从已知样本中所获取的经验有效地区分恶意软件与善意软件。与基于规则的方法相比，该方法在解决许多网络安全问题方面似乎更有成效。此类问题解决方法称为机器学习（ML）方法。本书将介绍可用于解决各种网络安全问题的机器学习方法。机器学习算法是可用于分类、聚类分析、回归等任务的数学模型。可根据机器学习算法和特定参数（通过“训练使用数据实例”过程选定）构建可执行各种任务的机器学习模型。此类机器学习模型的性能取决于各种因素，如用于模型构建的算法、训练数据样本数量和类型、从数据样本中挑选的特征集等。可通过准确分类或聚类数据点或预测正确值衡量机器学习模型的有效性。可通过更多数据训练或以更加适当的形式表示数据来提高模型的准确性。通常情况下，增加训练数据或以更好的形式表示数据可大幅提高模型的准确性。

机器学习可广泛应用于图像或模式识别、语音识别、面部识别、生物识别、恶意程序检测、异常检测、欺诈检测、垃圾邮件检测、文本分析、社交媒体服务、客户支持机制、虚拟个人助理、搜索推荐系统、视频分析、自动驾驶汽车、医疗保健、金融服务等领域。我们发现，为解决各种网络安全问题，迫切需要应用机器学习技术。如果采用典型的网络安全机制，我们需要收集、存储和分析大量数据。尽管有大量数据整理、分割和挖掘工具，但安全分析师很难从数据中推断出有意义的信息。此外，我们缺乏可保护重要系统和网络免受网络攻击的经验丰富的网络安全专业人员。鉴于网络攻击的日趋复杂和规模化，网络防御任重道远，永无终点，因为一个小的安全漏洞也可造成重大安全事件。机器学习方法可用于自动执行和实时部署许多任务，可在网络攻击之前或造成进一步损害之前检测到网络攻击行为。例如，机器学习模型可用于识别的异常网络现象，在检测到异常时断开连接，或者在识别出恶意软件后，并可在恶意软件运行前对其进行隔离。

许多基于机器学习的网络安全系统都可作为警报系统，但唯有决策人才有权做出最终决定。人们认为，与人类相比，机器学习模型的准确度不够。然而，机器学习技术的进步已使得当前基于机器学习的网络安全系统在准确度方面令人类汗颜。

机器学习算法主要分为监督算法、无监督算法、半监督算法和强化学习算法。具体来说，监督算法适用于标记数据集合问题，该算法可用于分类和回归问题；无监督算法适用于无标签数据问题，该算法可用于聚类分析、降维、关联规则学习等。此类算法可用于表示易于分析的大型数据集。通过降维技术，可减少所需的数据维数或特征，聚类分析和关联规则可用于组合类似数据。

机器学习技术正广泛应用于图像识别或自然语言处理领域。但是，在网络安全领域，情况则有所不同。攻击者一直在试图寻找基于机器学习的网络安全系统的弱点。因此，基于网络安全的机器学习系统必须具有强大的抗攻击能力。当然，这是一项艰巨的挑战。更糟糕的是，攻击者可利用机器学习技术发起更复杂的网络攻击。本书将仅讨论基于机器学习的网络防御系统，而攻击技术则不在讨论之列。

1.1 网络安全问题

机器学习方法将基于一组训练数据做出预测。对于网络安全而言，机器学习算法可更好地利用之前的网络攻击数据进行相应的预测。该方法可用于构建自动化网络防御系统（仅需最低限度的人为干预）。下文将讨论适合机器学习方法的典型网络安全问题。

（1）用于检测 XML 外部实体（XXE）和服务器端请求伪造（SSRF）攻击的回归。

（2）用于检测 Windows、Android、物联网和其他恶意软件的分类。

（3）用于检测 SQL 注入（SQLi）、跨站脚本（XSS）、远程代码执行（RCE）等注入攻击的分类。

（4）用于检测恶意脚本的分类。

（5）用于检测恶意 URL 和网络钓鱼页面的分类。

（6）用于检测垃圾邮件的分类。

（7）用于生物认证和识别的分类。

（8）用于检测旁路攻击的分类。

（9）用于检测扫描和欺诈等网络攻击的分类。

（10）用于异常检测的聚类分析。

（11）用于入侵检测的聚类分析。

（12）用于内部威胁的聚类分析。

（13）用于检测分布式拒绝服务（DDoS）攻击和大规模利用的聚类分析。

（14）用于数据取证分析的聚类分析。

恶意软件会影响计算机系统、手机或网络的正常运行。恶意软件会收集敏感信息和数据，向犯罪分子提供非法访问权限，修改或删除数据，阻止合法用户访问，显示多余广告，消耗资源等。恶意软件分为病毒、蠕虫、特洛伊木马、勒索软件、间谍软件、广告软件、隐匿程序、后门、逻辑炸弹等。恶意软件一般以可执行代码、脚本、活动内容等形式存在。某些恶意软件可独立运行，而其他软件则会进行伪装或嵌入非恶意应用程序或文件之中。有监督机器学习算法可用于恶意软件识别，因为可获得许多带有标记的恶意软件样本和良性样本。此类样本可用于训练机器学习模型。

网络钓鱼是一种社会工程学攻击，主要通过电子邮件等电子通信方式伪装成可信赖的实体，以便窃取用户名、密码和信用卡等敏感信息。通过电子邮件、社交网站、电子商务网站、拍卖网站、银行网站等进行通信时，可能会遭到此类攻击。钓鱼网站通常会从欺骗性电子邮件地址通过电子邮件/消息方式向受害人发送恶意网站链接。当受害人打开电子邮件/消息中的链接时，合法网站的恶意副本（网络钓鱼页面）将被激活，并欺骗受害人输入其用户名和密码或信用卡信息。受害人的此类信息将被传输到钓鱼网站背后的攻击者系统中。而攻击者将利用此信息登录合法网站，并从事金融交易或其他恶意活动。但不幸的是，高度相似性使得难以区分合法网站和钓鱼网站。机器学习技术可利用 URL、HTML 源代码等功能识别网络钓鱼页面，或根据页眉文件、邮件正文等内容识别网络钓鱼电子邮件。此类训练模型可用于检测是否存在恶意电子邮件或网络钓鱼页面。

异常是指数据偏离所定义的正常行为模式。恶意活动、攻击、入侵、恶意软件攻击、系统崩溃等原因可能会引发数据异常。对于异常检测，我们需要确定正常行为区域，一旦超出该范围，将为视为数据异常。k-最近邻算法、k-均值聚类分析和 SVM 等监督和无监督机器学习算法都已用于异常检测。基于密度的异常检测基于以下假设：正常数据点出现在密集邻域周围，而异常数据点则将出现在更远的位置。基于聚类分析的异常检测则基于以下假设：相似数据点往往属于相似的组或聚类，而处于该等聚类之外的数据点可被视为异常。

拒绝服务（DoS）和分布式拒绝服务（DDoS）攻击将使服务器中充斥着大量数据包（错误的客户端请求），从而导致用户无法访问服务器。DoS 或

DDoS 攻击的最终目标是耗尽目标的处理和网络资源，阻止合法用户访问服务器，从而导致部分或全部服务无法使用。大量客户端请求导致资源占用情况严重，使得服务器疲于奔命。服务器最终将被冻结，而所有人将无法使用该服务。在分布式拒绝服务攻击过程中，多个设备将同时针对一个或多个目标发起攻击。DDoS 攻击的特点在于多对一，通常比 DoS 攻击更具毁灭性。PCA、SVM 和神经网络等机器学习技术已用于 DDoS 攻击检测。

1.2 机器学习

机器学习涉及执行分类，聚类分析或回归任务的模型训练。通过一组称为训练数据集的数据点进行训练，从而构建模型。完成训练的模型可用于进行预测，具体涵盖以下步骤。

(1) 数据收集。数据收集是指收集数据集。数据分为训练和评估数据集。训练集中的数据用于构建模型。测试数据集用于评估所构建的模型。

(2) 数据准备。对数据进行转换、随机化处理、纠错、清除和规范化处理，确保其适合构建机器学习模型。

(3) 模型选择。有许多机器学习模型可用。当然，各模型的适用范围不同。具体来说，某些模型更适合于图像数据，一些模型适合于顺序数据，而另一些模型则适合于数值数据等，应根据问题和数据选择最合适的模型。

(4) 特征提取。将从数据中选择并提取相关特征。

(5) 模型训练。将使用训练数据集确定所选模型的参数。

(6) 模型测试。使用测试数据集测试在先前构建的模型。

(7) 模型部署。最后选择构建的模型并进行实时应用。

机器学习算法有关数据集的假设。各数据点都可包含不同尺度的特征向量，如某个向量可以“s”为单位，另一个则可以“bit”为单位，依此类推。为提高性能，可对数据进行转换（改变尺度）。

(1) 归一化。将一个或多个特征的值缩放到 0 ~ 1 的过程。

(2) 标准化。将以不同尺度表示的特征转换为共同尺度表示的特征的过程。

(3) 非线性扩展。在某些情况下，可能需要在更高维度空间中表示数据。

对于任何机器学习问题，将从数据中提取属性或特征并将其用于算法中。如果输入特征向量的维度较高，则应仅提取相关属性，将其转换为较低维度的特征向量。降低特征向量维度的过程称为特征选择，而从数据点提取相关特征的过程称为特征提取。所选择的特征向量被用于代替原始数据点，可用于无任何信息损失的进一步计算。例如，对于动态恶意软件分析，属性可以是系统所调用的应用程序；对于图像分类而言，属性可以是像素的 RGB 值等。此类属性称为特征，而属性的向量称为特征向量。特征提取旨在获得数据元素的相关且非冗余表示形式，否则将无法进行准确预测。冗余特征可能导致算法产生偏差，并导致结果不准确。因此，特征提取是非常关键的步骤，需要大量测试、研究和对数据点的理解。此外，在不同情况下，用于特征选择和提取的一般性方法可能不适用。

对于许多网络安全问题而言，通常缺乏良好的标记训练数据，从而对有监督机器学习方法造成阻碍。事实上，难以生成良好的训练数据集，但如果没有训练数据集，将无法进行算法训练。其他问题还涉及标记数据、清理数据、理解数据记录语义等。

无监督机器学习算法非常适合网络异常检测。降维技术和关联规则可能不足以发现数据集异常。聚类分析可通过聚类“正常”和“异常”数据点有效发现异常。

1.3 机器学习算法的实现

随着越来越多的物理对象转移至数字空间，并且越来越多的设备连接到互联网，电子数据在数量和流动性方面都显著增长。为避免犯罪分子和黑客窃取网络空间数据，需开展相关高级研究。除了想方设法减少此类攻击外，还必须提升系统弹性。鉴于庞大的数据量（每秒会产生大量数据），必须采用自动数据处理工具才能应付。机器学习是解决该问题的最佳方法之一。机器学习可利用统计技术学习大数据并实时自动做出决策。鉴于其准确性和稳健性好，机器学习似乎是处理网络安全决策问题的最佳方法。本书探讨了机器学习算法的理论和实现细节，如支持向量机、聚类分析、最近邻、主成分分析、决策树和深度神经网络。本书可读性强，使读者便于理解如何采用不同的机器学习算法解决各种网络安全问题。

根据第 4 章内容，支持向量机（SVM）可用于检测 Android 操作系统中的恶意程序。可使用 Weka 实施 SVM，其可提供具有用户友好外观和体验的 GUI。我们将介绍如何使用 SVM 解决分类和回归问题，如何从 AndroidAPK 中提取特征，以及如何通过该方法解决非线性问题。同时，也可通过机器学习算法库执行 SVM。我们模拟了 Android 环境，并在使用后提取权限和 API 调用等功能。CSV 格式的特征已加载至 Weka 工具中，该工具将根据所选分类器的类型进行特征分类。

第5章讨论了聚类分析技术，其可针对表现出相似特征的数据点进行分组。本章讨论了不同类型的聚类分析算法，例如k-均值聚类分析、DBSCAN、分层聚类分析等。根据在一段时间内所观察到的恶意软件和善意软件样本的CPU－RAM使用统计信息，可采用各种聚类分析算法评估正在执行的应用程序是善意的还是恶意的。机器学习算法库的各种学习模块（如numpy、pandas和StandardScaler）和其他模块（如matplotlib、seaborn等）可用于不同的聚类分析技术。

第6章阐述了另一种被称为最近邻的机器学习算法，其可找到待分类测试数据点的邻，最后将其分配给适当的类。本文将采用最近邻查找测试指纹可能所属的类，可根据指纹图案的方向确定类别。犯罪记录局可能需要存储数十万枚指纹。指纹匹配十分耗时，因此有必要开发有效的挑选程序。本书论证如何将最近邻用于识别指纹类别。为每枚指纹确定局部脊线方向，然而据此识别指纹类别。本书探讨了用于查找最近邻的各种算法，如强力破解、KD树和Ball树。我们还将介绍各种类型的最近邻算法，如k-最近邻算法、基于半径的最近邻算法等。

第7章介绍了降维技术。主成分分析（PCA）是一种降维技术，可用于减少人的面部特征，从而最大程度地缩短面部识别时间。本章详细讨论了PCA算法，并通过数字说明了具体步骤。为了最大限度地缩短面部识别时间，减少特征将至关重要。本章论证了PCA如何将一组二维面部图像转换为一组特征脸，其与面部模板图像相比，所生成的特征脸数更少。PCA确保此类特征脸可代表面部图像集最具相关性的特征。

第8章讨论了最著名的机器学习算法，即深度神经网络。我们将探究神经网络如何学习以及为什么其不适合某些图像分类问题。研究人员不断探索面部识别算法，以提高算法的准确性和实现精确识别。为完全匹配面部图像与巨大存储库中的图像，首先需要识别特征。但并非一定要正确对齐图像，也可倾斜。本章详细介绍了称为卷积神经网络（CNN）的多层神经网络，以及该网络如何提取面部特征和如何应用Keras模型提取面部特征。通过特征识别模块，我们已从面部图像中提取15种不同的特征。鉴于有许多有助于深度学习的模块，所以选择Python编程语言实现CNN。

第9章讨论了决策树算法以及如何将其用于检测Windows恶意软件。我们从数学方面介绍了不同的树构建算法，并试图确保读者能够理解。我们谈论了如何利用Windows操作系统的内存空间提取有关应用程序的详细信息，如可执行文件产生的进程和子进程、CPU内存使用率等。尽管当今对恶意程序检测关注度很高，但在大规模早期检测和预防恶意软件方面仍然面临严峻挑战。本章还讨论了各算法采用的拆分和裁剪标准。尽管决策树算法的最终输出成果类似于自上而下的树状结构，但各种算法在选择根节点时所采用的方法各不相同。我们已应用了 3 种不同的决策树算法。本章详细说明了 Python 代码。

第 10 章有关对抗性机器学习，将向读者介绍各种用于生成对抗性数据样本的技术，以欺骗机器学习模型，从而导致错误分类。机器学习在当今非常受欢迎，因为其在预测和数据分析方面有着高效率和准确性，同时，也正在开发相关的技术，攻击预先设计的模型，以便降低其效率。当前需要了解机器学习模型为何容易受到对抗性攻击，以及如何设计新的机器学习模型或可抵抗此类攻击的特征表示。本章从网络安全角度概述了各种对抗性攻击，将详细介绍可用于生成对抗性样本的不同算法。本章还详细介绍了两种算法，即生成对抗性网络（GAN）和快速梯度符号法（FGSM），并说明了其在恶意程序检测和图像错误分类中的应用。

1.4 距离度量

许多机器学习算法都需要融入距离概念，以在决策前更好地了解数据输入模式、其分布以及数据点之间的相似性。距离度量 $d(a, b)$ 可用于计算集合中任意两个元素 a 和 b 之间的距离。良好的距离度量可显著提升分类器的性能。如果两个元素之间的距离为零，则可将此类元素视为等效，否则，将其视为互不相同。协方差等多变量距离可用于测量数据点之间的相似性和不相似性。协方差可用于测量两个随机变量的共同变化，并计算变量之间的相关性。

对于聚类分析应用，相似性和不相似性度量（距离度量）具有重要意义。相似性测量技术类型取决于待聚类的数据类型。适当的距离度量可用于确定数据集中两个数据点的相似性。了解数据集对聚类分析很重要。在本节中，我们将讨论不同的距离度量及其在各机器学习算法中的作用。表 1.1 列出了重要的距离度量，以方便参考。假定 $a=(a_1, a_2, \cdots, a_n)$ 和 $b=(b_1, b_2, \cdots, b_n)$ 为 n 维空间中的两个点，$\boldsymbol{C}$ 是 a 和 b 的协方差矩阵，$s=s_1, s_2, \cdots s_n$ 和 $t=t_1, t_2, \cdots, t_n$ 是两个位串，而 A 和 B 是两个数据集。

表 1.1 不同的距离度量

编号	度量名称	公式	备注
1	欧几里得距离	$d(a,b)=\sqrt{\sum_{i=1}^{n}(a_i-b_i)^2}$	直线距离
2	平方欧几里得距离	$d(a,b)=\sum_{i=1}^{n}(a_i-b_i)^2$	计算更简便

（续）

编　号	度量名称	公　式	备　注
3	曼哈顿距离	$d(a,b) = \sum_{i=1}^{n} \vert a_i - b_i \vert$	网格状路径长度
4	切比雪夫距离	$\max_{1 \leqslant i \leqslant x} (a_i - b_i)$	棋盘距离
5	明可夫斯基距离	$d(a,b) = (\sum_{i=1}^{n} \vert a_i - b_i \vert^m)^{1/m}$	广义距离
6	余弦相似性	$\mathrm{sim}(a,b) = \cos\theta = \frac{a,b}{\Vert a \Vert \Vert b \Vert}$	测量角度
7	马哈拉诺比斯距离	$d(a,b) = \sqrt{(a-b)^{\mathrm{T}} \times C^{-1} \times (a-b)}$	多项式距离
8	汉明距离	$d(s,t) = \sum_{i=1}^{n} \vert s_i - t_i \vert$	字串之间的距离
9	雅卡尔系数	$\sqrt{(A,B)} = \frac{\vert A \cap B \vert}{\vert A \cup B \vert}$	集合相似性度量
10	戴斯系数	$S(A,B) = \frac{2 \vert A \cap B \vert}{\vert A \vert + \vert B \vert}$	空间重叠指数

a 和 b 之间的欧几里得距离 $d(a,b)$ 为

$$d(a,b) = \sqrt{\sum_{i=1}^{n} (a_i - b_i)^2} \tag{1.1}$$

欧几里得距离的平方为平方欧几里得距离。与常规的欧几里得距离相比，平方欧几里得距离的计算更快更容易，对某些聚类分析算法非常有用。如果欧几里得距离替换为平方欧几里得距离，不会影响某些聚类分析算法（如 Jarvis-Patrick 和 k-均值聚类分析）的结果，而分层聚类分析算法的结果则可能会受到影响。

曼哈顿距离是 a 和 b 之间网格状路径的长度，等于 a 和 b 相应分量之差的总和。点 a 和点 b 之间的曼哈顿距离 $d(a,b)$ 的计算公式为

$$d(a,b) = \sum_{i=1}^{n} \vert a_i - b_i \vert \tag{1.2}$$

两点之间的切比雪夫距离是指任何单个维度的两点之间的最大距离。如果点之间的差异更多地反映在单个分量中，而非所有分量中，则可使用该距离。点 a 和 b 之间的切比雪夫距离可根据以下公式计算：

$$\max_{1 \leqslant i \leqslant n} (a_i - b_i) \tag{1.3}$$

明可夫斯基距离是对欧几里得、曼哈顿和切比雪夫距离的泛化。如果 a 和 b 之间的任何 $m > 0$，那么，明可夫斯基距离 $d(a,\ b)$ 可根据以下公式计算：

$$d(a,b) = \left(\sum_{i=1}^{n} |a_i - b_i|^m\right)^{\frac{1}{m}} \tag{1.4}$$

当 $m=1$、2 和 ∞ 时，根据明可夫斯基距离可分别计算曼哈顿距离、欧几里得距离和切比雪夫距离。

a 和 b 之间的余弦相似性 $\text{sim}(a,b)$ 为

$$\text{sim}(a,b) = \cos\theta = \frac{a,b}{\|a\|\|b\|} \tag{1.5}$$

余弦相似性度量可用于确定任何两个数据点的归一化点积，并进而计算出它们之间的角度。余弦相似性为 1 的两个向量方向相同，而余弦相似性为 0 的两个向量彼此垂直。余弦相似性为 1 的两个向量方向相反。鉴于其高效率，余弦相似性经常用于计算稀疏向量。

马哈拉诺比斯距离为多变量距离，可用于测量各数据点与整个点集形心之间的距离。马哈拉诺比斯距离的增加会导致数据点和形心之间的距离增加。任意两点 a 和 b 之间的马哈拉诺比斯距离按照下式计算，其中 $\boldsymbol{C}$ 为协方差矩阵：

$$d(a,b) = \sqrt{(a-b)^{\mathrm{T}} \times \boldsymbol{C}^{-1} \times (a-b)} \tag{1.6}$$

等长的两个位串之间的汉明距离是有不同对应位的位数。换言之，汉明距离是指将位串转换为另一位串时需要更改的位数。汉明距离也可视为位向量之间的曼哈顿距离。

a 和 b 之间的位向量距离可通过计算 $\boldsymbol{c} = (c_1, c_2 \cdots, c_n)$ 距离原点的欧几里得距离或曼哈顿距离或汉明距离进行确定，如果 $a_i > b_{i,}$ 则 $c_i = 1$，否则为 0。

目前所讨论的距离度量可用于确定对象之间的相似性，其中对象为 n 维向量或位串。雅卡尔系数可用于寻找两个集合之间的相似性和不相似性。两个集合 A 和 B 之间的雅卡尔系数 $\sqrt{(A,B)}$ 为交点元素数量与集合并集中的元素数量之比，即

$$\sqrt{(A,B)} = \frac{|A \cap B|}{|A \cup B|} \tag{1.7}$$

戴斯系数是另一个类似于雅卡尔系数的相似性度量。对于数据点集合 A 和 B，按照以下公式计算戴斯系数：

$$S(A,B) = \frac{2|A \cap B|}{|A| + |B|} \tag{1.8}$$

1.5 机器学习评估指标

在本节中，我们将概述机器学习模型常见的一些评估指标，假定评估指标

分为阳性类别和阴性类别。

1. 均匀性评分

如果所有聚类仅包含单一类别的数据点，则认为聚类分析结果满足均匀性要求。假定 C 为类别集合，而 K 为类别赋值，则均匀性评分 h 计算公式如下：

$$h = 1 - \frac{H(C|K)}{H(C)} \tag{1.9}$$

式中：$H(C|K)$ 为给定 K 时 C 的熵；$H(C)$ 为 C 的熵。

2. 完整性评分

如果属于同一类别的所有数据点都属于同一聚类，则视为聚类分析结果满足完整性要求。完整性评分 c 的计算公式如下：

$$c = 1 - \frac{H(K|C)}{H(K)} \tag{1.10}$$

式中：$H(K|C)$ 为给定 C 时 K 的熵；$H(K)$ 为 K 的熵。

3. V 量度评分

其为均匀性和完整性评分的调和平均值。V 量度评分 v 可按照下式计算：

$$v = 2 \times \frac{h \times c}{h + c} \tag{1.11}$$

4. 雅卡尔相似性评分

其与雅卡尔系数相同，可用于计算正确分类样本的比率。

5. 科恩卡帕评分

对于多类别分类问题，准确性或精度/召回率等度量指标不适合评估分类器性能。对于不平衡数据集，准确性等度量指标有误导性，因而，我们采用准确性和召回率或 F 度量等度量指标。科恩卡帕评分是一种理想的衡量标准，可用于解决多类别和不平衡类别问题。其计算公式如下：

$$k = \frac{p_o - p_e}{1 - p_e} \tag{1.12}$$

式中：p_o为观测到的一致性概率；p_e为预期的一致性概率。计算分类器让基于随机猜测的分类器相形见绌。

6. 混淆矩阵

混淆矩阵为 2×2 矩阵，可用于概述分类算法的性能。在此矩阵中，每一行代表一个实际类实例，而列则代表一个预测类实例（反之亦然）。该表载列了真阳性（TP）、真阴性（TN）、假阳性（FP）和假阴性（FN）数量。真阳性表示模型可准确预测阳性类元素属于阳性类。真阴性代表模型可正确预测阴性类元素属于阴性类。假阳性代表阳性类元素被错误地预测为阴性类。假阴性代表阳性类元素被错误地预测为阴性类。TP、TN、FP 和 FN 通常分别表示真阳性、真阴性、假阳性和假阴性的数量。为确定混淆矩阵，对各测试数据进行预测，并根据预测标签和实际标签确定针对阳性和阴性类别做出的正确和错误预测数。表 1.2 所列为混淆矩阵。

表 1.2　混淆矩阵

总计	预测为“否”	预测为“是”	
实际为“否”的数量	TN	FP	实际为“否”的总数
实际为“是”的数量	FN	TP	实际为“是”的总数
	预测为“否”的总数	预测为“是”的总数	

7. 阈值曲线

阈值曲线可显示通过改变类别间阈值得到的预测权衡。

8. 准确性

准确性指标可衡量分类器做出正确预测的频率。计算公式为

$$\frac{TP + TN}{TP + TN + FP + FN}$$

9. 分类错误率

分类错误率与准确性相对，可衡量分类器预测出现错误的频率。计算公式为

$$\frac{FP + FN}{TP + TN + FP + FN}$$

10. 敏感性

敏感性用于衡量分类器正确预测阳性类别的能力。当数据实际上属于阳性类别时，可衡量分类器预测数据为阳性类标签的概率。敏感性也称为召回率或真阳性率（TPR）。计算公式为

$$\frac{TP}{TP + FN}$$

11. 特异性

特异性用于衡量分类器正确预测阴性类别的能力。当数据实际上属于阴性类别时，可衡量分类器预测数据为阴性类标签的概率。特异性也称为选择率或真阴性率（TNR）。计算公式为

$$\frac{\text{TN}}{\text{TN} + \text{FP}}$$

12. 精度

精度或阳性预测值（PPV）用于衡量分类器在预测数据点阳性类标签时的正确概率。计算公式为

$$\frac{\text{TP}}{\text{TP} + \text{FP}}$$

13. 阴性预测值

阴性预测值（NPV）用于衡量分类器在预测数据点阴性类标签时的正确概率。计算公式为

$$\frac{\text{TN}}{\text{TN} + \text{FN}}$$

14. 盛行率

盛行率用于衡量阳性类别中的总体比例。计算公式为

$$\frac{\text{TP} + \text{FN}}{\text{TP} + \text{TN} + \text{FP} + \text{FN}}$$

15. 零错误率

其用于衡量在预测多数类别过程中的分类器出错概率。有时，针对特定应用程序的最佳分类器可能有更高的错误率。

16. 科恩卡帕

科恩卡帕度量可用于比较分类器的实际准确性与预期准确性。如果准确性和零错误率之间存在较大差异，则卡帕评分将很高。计算公式为

$$k = \frac{(\text{观察准确性} - \text{预期准确性})}{(1 - \text{预期准确性})} \tag{1.13}$$

17. F_1 评分

其为精度和敏感性的调和平均值，计算公式为

$$F_1 = 2 \times \frac{\text{精度} \times \text{敏感性}}{\text{精度} + \text{敏感性}} \tag{1.14}$$

18. 接收者操作特性（ROC）曲线

ROC 曲线是二维图形，其绘制了假阳性率（x 轴）与真阳性率（y 轴），总结了分类器在所有可能阈值上的性能。

19. 马修斯相关系数（MCC）

MCC 是有关二进制分类质量的一种度量，可直接根据以下混淆矩阵进行

计算：

$$\mathrm{MCC} = \frac{\mathrm{TP} \times \mathrm{TN} - \mathrm{FP} \times \mathrm{FN}}{\sqrt{(\mathrm{TP} + \mathrm{FP})(\mathrm{TP} + \mathrm{FN})(\mathrm{TN} + \mathrm{FP})(\mathrm{TN} + \mathrm{FN})}} \tag{1.15}$$

MCC 可用于衡量观察到的类别与预测类别之间的相关性。预测值介于 1 和 +1 之间，其中 +1 代表完美预测，0 代表随机预测，而 1 代表预测值和观察值之间完全不一致。通常情况下，马修斯相关系数被视为描述混淆矩阵的最佳度量之一。

1.6 数学预备知识

机器学习采用各领域相关的许多数学技术，如线性代数、概率、微积分和优化。在本节中，我们简要概述了将用到的基本数学概念和技术。

1.6.1 线性代数

向量用于表示特征并描述机器学习算法。向量空间或线性空间是线性代数的基本设置。向量空间 $\boldsymbol{V}$ 是称为向量的非空元素集以及称为标量的元素构成的域 F。本书仅将实数 R 的域视为标量集合。在 $\boldsymbol{V}$ 上定义了称为向量加法和标量乘法的两种运算方式。可对两个向量进行加总，从而获得第三个向量，也可将一个向量与标量相乘，从而获得另一个向量。如果满足以下条件，则 $\boldsymbol{V}$ 在域 R 上将形成一个向量空间。

1. 加法封闭性。如果所有 v_1，$v_2 \in V$，那么，$v_1 + v_2 \in V$。

2. 可交换性。如果所有 v_1，$v_2 \in V$，那么，$v_1 + v_2 = v_2 + v_1$。

3. 关联性。如果所有 v_1，v_2，$v_3 \in V$，那么，$(v_1 + v_2) + v_3 = v_1 + (v_2 + v_3)$。

4. 加法恒等元的存在。如果 $0 \in V$，并且所有 $v \in V$，那么，$v + 0 = v$。

5. 加法逆元的存在。对于各 $v \in V$，如果存在加法逆元 $-v \in V$，那么，$v + (-v) = 0$。

6. 乘法封闭性。如果所有 $c \in R$ 和 $v \in V$，那么，$c.v \in V$。

7. 乘法单位的存在。如果存在 $1 \in R$，且所有 $v \in V$，那么，$1 \cdot v = v$。

8. 标量乘法的兼容性。如果所有 c_1，$c_2 \in R$ 且 $v \in V$，那么，$c_1 \cdot (c_2 \cdot v) = (c_1 c_2)$。

9. 分布。如果所有 c，c_1，$c_2 \in R$ 且 v，v_1，$v_2 \in V$，那么，$c \cdot (v_1 + v_2) = c \cdot v_1 + c \cdot v_2$ 和 $(c_1 + c_2) \cdot v = c_1 \cdot v + c_2 \cdot v$。

如果 $c_1 \cdot v_1 + \cdots + c_n \cdot v_n = 0$ 意味着 $c_1 = \cdots = c_n = 0$，则向量组 v_1，…，$v_n \in V$ 为线性独立的。v_1，…，$v_n \in V$ 的跨度为一组可表示为线性组合的所有向

量，即

$$\mathrm{SPAN}\{v_1, v_2, \cdots, v_n\} = \{c_1 \cdot v_1 + c_2 \cdot v_2 \cdots + c_n \cdot v_n : \forall\ c_1, c_2, \cdots, c_n \in R\}$$

线性独立的向量组为向量空间的基础，其跨度为整个 V。一个向量空间可能具有多个基础。如果某个向量空间覆盖有限数量的向量，则称其为有限维，否则称为无限维。有限维向量空间 $\boldsymbol{V}$ 基础上的向量数（表示为 $\dim(V)$）为 V 的维数，其与所选择的基础无关。

如果 $\boldsymbol{V}$ 为向量空间，那么，$S \subset \boldsymbol{V}$（如果也是向量空间）为 $\boldsymbol{V}$ 的子空间。当且仅当满足以下条件时，S 为子空间：

（1）$0 \in s$。

（2）$s_1, s_2 \in S \Longrightarrow s_1 + s_2 \in S$。

（3）$s \in S, c \in R \Longrightarrow c \cdot s \in S$。

从向量空间 $\boldsymbol{V}$ 到向量空间 $\boldsymbol{W}$ 的线性变换 T 为一个函数。

$T: V \to W$，满足以下条件：

（1）如果所有 $v_1, v_2 \in V$，那么，$T(v_1 + v_2) = T(v_1) + T(v_2)$。

（2）如果所有 $v \in V$ 且 $c \in R$，那么，$T(c \cdot v) = cT(v)$。

从 V 到其自身的线性变换称为线性算子。

1.6.2 度量空间

度量概括了欧几里得空间的距离概念。度量空间为集合 X 以及满足以下条件的距离函数 $d: X \times X \to R$。

（1）非负性：$d(x_1, x_2) \geqslant 0$，当且仅当 $x_1 = x_2$，$\forall x_1, x_2 \in X$ 时才相等。

（2）对称性：$d(x_1, x_2) = d(x_2, x_1)$，$\forall x_1, x_2 \in X$。

（3）三角不等式：$d(x_1, x_3) \leqslant d(x_1, x_2) + d(x_2, x_3)$，$\forall x_1, x_2, x_3 \in X$。

1.6.3 概率

随机实验的潜在结果集合 Ω 称为样本空间。Ω 的任何子集都称为事件。假定 F 表示所有潜在事件的集合。概率 $P: F \to [0, 1]$ 定义为符合以下公理的量度。

（1）$P(\Omega) = 1$。

（2）对于不相交事件的任何可数集合 $\{A_i\} \subset F$，有

$$P(\cup A_i) = \sum P(A_i)$$

三元组（Ω, F, P）称为概率空间。随机变量 X 为在概率空间（Ω, F, P）上定义的实值函数（不一定总是）。

1.6.4 优化

对于机器学习，应最大程度上减小称为目标函数的成本函数，该函数可用于衡量模型对训练数据的拟合程度。为实现优化，应找到输入集 $X \subset R^d$（称为可行集）上目标函数的最小值或最大值。如果 X 为目标函数的整个域，则我们认为问题不受约束，否则将受到约束。

假设 f: $R^n \to R$ 为 n 维欧几里得空间上的实值函数。对于 x 的 $\in$ 邻域 $N_\in(x) \subset R^n$ 某点上所有 y，如果 $f(x) \leqslant f(y)$（对于局部最大值，$f(x) \geqslant f(y)$），那么，点 $x \in R^n$ 称为 R^n 中 f 的局部最小值（或局部最大值）。对于所有 $y \in R^n$，如果 $f(x) \leqslant f(y)$，则 x 称为 R_n 中 $f(\cdot)$ 的全局最小值。同样，对于所有 $y \in R^n$，如果 $f(x) \geqslant f(y)$，则 x 称为 R^n 中 $f(\cdot)$ 的全局最大值。

第 2 章　机器学习简介

2.1　简　　介

预测建模是属于一般性概念，顾名思义，可通过构建模型进行预测。机器学习算法也是预测模型，可根据训练数据集进行学习，以便进行预测。可针对分类或回归问题构建预测模型。回归模型可拥有探索变量之间的关系，并对连续变量进行预测。分类涉及预测数据点的离散类标签。例如，在恶意程序检测过程中，预测 Android 应用程序是恶意软件还是善意软件属于分类任务，而估计系统威胁级别则属于回归任务。

对于机器学习，我们根据数据训练计算机，并使计算机自行做出决定。尽管计算机擅长处置和处理海量数据，但其缺乏自行决策能力。目前已开发出机器学习技术，计算机已经能模仿人类大脑并基于某些算法做出决策。此类决定可采用数字或符号格式标签。根据用于构建模型的数据（训练数据）性质，可将机器学习算法分为以下四类。

(1) 有监督机器学习。

(2) 无监督机器学习。

(3) 半监督机器学习。

(4) 强化机器学习。

对于有监督机器学习，可通过使用带有标签的数据进行训练以便构建模型。对于无监督学习，模型使用不带任何标签的数据点。无监督算法可将数据整合到一组聚类中，以便描述其结构。这使得复杂数据看起来简单有序。半监督学习算法介于有监督学习和无监督学习算法之间。半监督学习算法包含某些标记数据，可用于未标记数据。强化算法根据各数据点选择某个动作，然后评估该决策的效果。算法可通过更改其策略实现更好的学习结果。

机器学习算法也可分为生成性算法或判别性算法。朴素贝叶斯分类器等生成性分类器将通过估计模型的假设和分布，从而学习生成数据的模型。相比而言，逻辑回归等判别性分类器仅使用所观察到的数据，无需对数据分布做出太多假设。假设 x 为数据实例，y 为对应标签。生成性分类器试图根据某些无监

督的学习程序对有条件概率密度函数 $p(x|y)$ 进行建模。可根据贝叶斯定理获得预测概率密度函数 $p(y|x)$。联合概率分布 $p(x, y) = p(x|y)p(y)$ 可用于生成标记数据实例 (x_i, y_i)。判别性算法不会用于估计数据点 x 的生成方式，而是可直接估算有条件密度 $p(y|x)$ 或甚至仅估算 $p(y|x)$ 是否与 SVM 一样大于或小于 0.5。结果发现判别性模型更为有效，并且其可与监督学习方法更好地保持一致。

机器学习涉及从输入数据 X 到输出变量 Y 集合的目标函数 $f: X \to Y$。确定目标函数 $f(\cdot)$ 的过程称为学习或训练。然而，只有当有足够多标记数据点时才能推断目标函数，即进行学习监督。由于很难找到确切的目标函数，因此可通过假设函数进行近似。潜在的所有假设集合称为假设集。实际上，在学习过程中，将确定能够最准确近似未知目标函数 $f(\cdot)$ 的最佳假设函数 $h(\cdot)$。使用训练集训练模型，该训练集为从数据集中随机抽取的代表性数据集。通常至少 70% 的数据用于训练。可利用从数据集（调整集）中提取的数据点集对模型参数进行调整。最后，利用测试集验证模型的实际预测能力。

2.1.1 有监督机器学习

有监督机器学习利用标记训练数据推断目标函数。标记数据是由输入特征向量 x 和输出标签 y 构成的数对 (x, y)。输出标签称为监控信号。学习算法将训练数据中的特征向量和标签之间的关系概括为新的数据实例，以便恰当确定数据的类标签。

假定 $\{(x_1, y_1), (x_2, y_2), \cdots, (x_n, y_n)\}$ 为标记训练集，其中 $x_i = (x_{i,1}, x_{i,2}, \cdots, x_{i,d}) \in X (1 \leqslant i \leqslant n)$ 为数据点，并且 $y_i \in Y$ 为其对应标签。有监督学习旨在利用训练集学习从数据集到标签集的目标函数。假设点 (x_i, y_i) 与总体上的共同分布保持独立，但遵循相同的分布。可基于其对测试数据的预测性能，评估所推断的目标函数。当 $Y \subset R$ 或 $Y \subset R^d$ 时，标签为连续实值或其向量。在这种情况下，该学习称为回归。当标签为离散值或符号时，该学习称为分类。回归和分类都旨在找到数据与标签之间的关系。

垃圾邮件过滤属于典型的网络安全应用程序，其广泛采用有监督学习算法。在这种情况下，数据集 M 包括所有潜在的电子邮件消息，并且标签为二进制变量。假定标签 0 表示合法邮件，标签 1 表示垃圾邮件。需要通过目标函数 $f(\cdot)$ 来识别特定电子邮件消息 m 是垃圾邮件 1 还是合法邮件 0。根据 n 个标记消息 $(m_1, l_1), (m_2, l_2), \cdots, (m_n, l_n)$ 训练其中一种机器学习算法，以便搜索函数 $f: M \to \{0, 1\}$，其中在 $1 \leqslant i \leqslant n$ 时，$m_i \in M$ 且 $l_i \in \{0, 1\}$。有监督学习算法包括以下示例。

(1) 线性、逻辑、多项式和最小二乘回归。

(2) k-最近邻算法（k-NN）分类。

(3) 决策树分类。

(4) 朴素贝叶斯分类。

(5) 支持向量机（SVM）分类。

(6) 随机森林分类和回归。

(7) 分类和回归的整体方法。

2.1.2 无监督机器学习

对于无监督机器学习，无需标签训练数据集即可进行学习。对于无监督学习，仅输入数据 x 可获得，而相应的标签或输出数据 y 则无法用于训练。无监督学习算法可针对数据的基础结构或分布进行建模，以便发现并揭示任何相关的数据模式和类别。此过程称为无监督学习，没有监督人可提供正确答案。

假定 $X = \{x_1, x_2, \cdots, x_n\}$ 为 n 个数据点的集合，当 $1 \leqslant i \leqslant n$ 时，$x_i = (x_{i,1}, x_{i,2}, \cdots, x_{i.d}) \in \Omega$。假设此类点独立绘制并分布在全域 Ω 上的公共分布部分。无监督学习可用于发现有趣的数据结构，估计可能已生成数据的概率密度函数、分位数估计、聚类分析、关联、离群值检测和降维。聚类分析旨在发现固有数据分组，而关联规则学习旨在发现大部分数据规则。无监督学习算法包括以下几种。

(1) 用于聚类分析的 k-均值聚类分析。

(2) 分层聚类分析。

(3) 聚类分析的因子分析。

(4) 聚类分析的混合模型。

(5) 关联问题的算法。

(6) 主成分分析（PCA）。

(7) 奇异值分解。

(8) 独立分量分析。

大多数聚类分析算法都是针对遵循距离概念的数值数据进行设计。因此，在将聚类分析算法应用于类别数据（如 URL、用户名、IP 地址、端口编号等）相关的网络安全领域时，将面临技术难题。

2.1.3 半监督机器学习

有些训练数据仅包含数个标记点，而其余的点均未标记。当生成标记数据的成本很高时，可能会出现此类情况。在这种情况下，我们需要利用半监督机器学习。事实上，半监督机器学习介于有监督学习和无监督学习之间。通常情况下，产生标记数据既昂贵又费时，而收集和存储未标记数据既便宜又方便。许多现实的机器学习问题都属于半监督学习范畴。

对于半监督学习，数据集 $X = \{x_1, x_2, \cdots, x_{l+u}\}$ 分为两个集合 X_L 和 X_U。当 $X = X_L \cup X_U$ 时，$X_L = \{x_1, x_2, \cdots, x_l\}$ 中的点带有来自 $Y_L = \{y_1, y_2, \cdots, y_l\}$ 的标签，而对于 $X_U = \{x_{l+1}, x_{l+2}, \cdots, x_{l+u}\}$ 中的点，则标签是未知的。这属于标准的半监督学习设置。半监督学习也有约束条件，其通过对学习分类器在未标记实例上的行为方式进行约束发挥作用。半监督学习为归纳式或直推式。在归纳式中，未知函数源自给定数据，而在直推式中，相关点的未知函数来自于给定数据。某些类型的半监督学习算法/技术如下。

（1）半监督支持向量机。

（2）基于图形的模型。

（3）自标记技术。

（4）生成模型。

对于入侵检测问题，可使用大量未标记数据以及相对少量的标记数据。对于入侵检测系统（IDS），半监督算法更为合适，因为其可处理少量标记数据，同时可充分利用大量可用的未标记数据。

2.1.4 强化机器学习

强化学习（RL）是一项强大的机器学习技术，其可将动态编程与监督学习完美结合。其通过尝试错误法优化代理与随机环境之间的交互行为。在各时步 t 上，代理执行动作 $A(t)$，然后从环境中感知信号 $S(t)$ 并获得奖励 $R(t)$。RL 算法和技术包括以下几种。

（1）蒙特卡洛。

（2）Q 学习（状态－行动－奖励－状态）。

（3）SARSA（状态－行动－奖励－状态－行动）。

（4）Q-学习-Lambda（状态－行动－奖励－基于资格跟踪的状态）。

（5）SARSA-Lambda（状态－行动－奖励－基于资格跟踪的行动）。

（6）DQN（深度 Q 网络）。

（7）DDPG（深度确定性策略梯度）。

（8）A3C（异步参与者评论算法）。

（9）NAF（基于标准化优势函数的 Q 学习）。

（10）TRPO（置信域政策优化）。

（11）PPO（近邻政策优化）。

强化学习算法可广泛应用于各种网络安全领域，如网络入侵检测、异常检测等。

在以下各节，我们将简要讨论各种机器学习模型。

2.2 线性回归

线性回归是机器学习中使用时间最长和范围最广的回归模型之一。线性回归旨在通过最大限度减小预测值和观察值之间的平方误差之和来数据拟合线性函数。线性模型通过计算特征 $x_1, x_2, \cdots, x_n$ 与偏差项 b 的加权和，得出 y 的 $\hat{y}$ 预测。假定 $w_1, w_2, \cdots, w_n$ 和 b 表示模型的参数。模型的一般表示形式如下：

$$\hat{y} = w_1 x_1 + w_2 x_2 + \cdots + w_n x_n + b \tag{2.1}$$

可通过以下两种方式最小化成本函数，从而训练线性回归模型。

（1）可通过最小化训练集上的成本函数计算最佳拟合训练集的模型参数。

（2）基于梯度下降的迭代优化技术，通过逐步调整模型参数来最大限度降低成本函数。

线性回归模型的训练涉及确定模型参数值 $w_1, w_2, \cdots, w_n$ 和 b，其可最大限度地减小均方根误差（RMSE）或均方误差（MSE）。

2.3 多项式回归

多项式回归是非线性数据的预测模型。我们可通过以下方式完成多项式回归：将特征幂添加为新的特征，然后在此扩展特征集上训练线性模型。可根据下式确定一个变量中的第 k 阶多项式回归模型：

$$\hat{y} = w_1 x + w_2 x^2 + \cdots + w_k x^k + b \tag{2.2}$$

式中：$\hat{y}$ 为预测值；x 为特征值；$w_1, w_2, \cdots, w_k$ 和 b 为模型参数。其可扩展至两个或多个变量的多项式模型。例如，两个变量中的二阶多项式为

$$\hat{y} = b + w_1 x_1 + w_2 x_2 + w_3 x_1^2 + w_4 x_2^2 + b + w_5 x_1 x_2 \tag{2.3}$$

式中：$\hat{y}$ 为预测值；x_1 和 x_2 为特征值；$w_1, w_2, \cdots, w_5$ 和 b 为模型参数。

2.4 逻辑回归

逻辑回归通常用于估计数据实例属于特定类别的概率。对于逻辑回归，将估计绝对因变量 Y 与一组自变量 X_1，X_2，$\cdots$，X_n 之间的关联概率。如果估计概率大于 0.50，则模型将预测该实例属于该类别，否则，将预测其不属于该

类别。

对于逻辑回归，一组自变量（也称为解释变量）的数学模型可用于预测因变量的对数变换。假设0 和1 表示 二进制变量。此变量的均值p表示结果为1 的概率，而$1-p$则表示结果为0 的概率。比率$\frac{P}{1-P}$称为概率l，概率的对数称为逻辑回归。因此，逻辑转换可表示为

$$l = \text{logit}(P) = \ln\left(\frac{p}{1-p}\right)$$

逻辑变换的逆过程称为逻辑转换。其可表示为

$$P = \text{logitic}(l) = \ln\left(\frac{e^l}{1+e^l}\right)$$

假定因变量Y具有m个不同的值，并且具有n个自变量$X_1, X_2, \cdots, X_n$。逻辑回归模型可通过m个方程式表示为

$$\ln\left(\frac{p_i}{p_1}\right) = \ln\left(\frac{P_i}{P_1}\right) + w_{i,1}X_1 + w_{i,2}X_2 + \cdots + w_{i,n}X_n$$

式中：$1 \leqslant i \leqslant m$；$p_i = Pr(Y = i \mid X_1, X_2, \cdots, X_n)$；$P_1, P_2, \cdots, P_m$为结果的先验概率；$w_{i,j}$为基于数据估计的回归系数。

2.5 朴素贝叶斯分类器

朴素贝叶斯分类器是一种监督学习算法，其基于贝叶斯定理以及一组有关属性的条件独立性假设。其可根据先验知识和所观察到的数据计算假设的显式概率，并且对输入数据中的噪声具有鲁棒性。该分类器假设测量值在给定目标类别中保持相互独立，称为朴素贝叶斯分类器。该假设进一步简化了基于贝叶斯规则的后验概率计算。假定$x = (x_1, x_2, \cdots, x_n)$为一个数据点，其中$n$表示$x_i$的属性，$1 \leqslant i \leqslant n$，$Y$为标记。该算法旨在对训练集中的$P(Y \mid X)$进行估计，其中$X$为带有标记$Y$的数据点。可根据贝叶斯规则进行估算。根据有关属性$x_i$的条件独立性假设，可得

$$P(x_1, x_2, \cdots, x_n \mid Y) = \prod_{i=1}^{n} P(x_i \mid Y) \tag{2.4}$$

在给定X条件下，我们希望训练将输出Y条件概率分布的分类器。可根据贝叶斯规则计算各类别值y的后验概率：

$$P(Y = y \mid x_1, x_2, \cdots, x_n) = \frac{P(Y = y)P(x_1, x_2, \cdots, x_n \mid Y = y)}{\sum_y P(Y = y)P(x_1, x_2, \cdots, x_n \mid Y = y)} \tag{2.5}$$

根据条件独立性假设，可得

$$P(Y=y \mid x_1,x_2,\cdots,x_n)=\frac{P(Y=y)\prod_i P(x_i \mid Y=y)}{\sum_y P(Y=y)\prod_i P(x_i \mid Y=y)} \tag{2.6}$$

这是朴素贝叶斯分类器的模型方程，可根据所观察到的属性值计算 Y 的概率分布。根据训练数据集估算概率分布 $P(Y)$ 和 $P(x_i \mid Y)$。

当有中型或大型训练数据集，且数据点具有多个属性或特征，并且已知分类参数时，此类属性有条件独立，需使用朴素贝叶斯分类器。朴素贝叶斯分类器的相关流行应用包括：

（1）恶意程序检测；

（2）垃圾邮件检测；

（3）入侵检测；

（4）DoS 和 DDoS 攻击检测；

（5）情感分析。

垃圾邮件过滤是朴素贝叶斯分类器的流行应用之一。垃圾邮件滤波器是一种二进制分类器，可为所有电子邮件分配“垃圾邮件”或“非垃圾邮件”标签。许多现代邮件客户端使用基于朴素贝叶斯分类器的垃圾邮件滤波器。SpamBayes、DSPAM、Bogo 滤波器、SpamAssassin 和 ASSP 是典型的采用贝叶斯分类器的服务器端垃圾邮件滤波器。朴素贝叶斯可用于社交媒体领域的情感分析，可分析积极或消极情绪相关的状态更新。

朴素贝叶斯分类器在分类输入变量方面表现出色。朴素贝叶斯分类器有很多优点：其收敛速度更快，需要的训练数据相对较少，更容易预测测试数据集的类别，并且对于多类别分类问题非常有效。

2.6 支持向量机

作为一种二进制分类器，支持向量机（SVM）利用称为支持向量的训练数据子集，采用多维空间中的决策边界。从几何上而言，支持向量是最接近决策边界（称为超平面）的训练数据。可通过定位可最大化数据点之间间隔的超平面训练 SVM，此类数据可分成两类。可通过 SVM 进行线性或非线性分类、回归和离群值检测。SVM 是广泛采用的机器学习模型，可用于对中小型数据集进行分类。

假定 $x=(x_1,x_2,\cdots,x_n)\in R^n$ 为 n 维欧几里得空间中的一个点。R^n 中的超平面 $H(a,b)$ 为 $\{x \mid \boldsymbol{a}^{\mathrm{T}}x+b=0\}$ 的集合，其中 $\boldsymbol{a}=[a_1,a_2,\cdots,a_n]^{\mathrm{T}}$ 为 $n\times 1$ 个非零列向量，即

$$H(\boldsymbol{a},b)=\{x:x=(x_1,x_2,\cdots,x_n)\in R^n \& a_1x_1+\cdots+a_nx_n+b=0\}$$

式中：a 和 b 为超平面参数。n 维欧几里得空间中的超平面是将 R^n 分为两个不相交集合的 $n-1$ 维子空间。例如，如果将直线视为一维空间，则直线上的一个点就是该直线的 0 维超平面。半空间是超平面一侧的一组点。正半空间 $H^+(a, b)$ 和负半空间 $H^-(a, b)$ 由下式决定：

$$H^+(a,b) = \{x:x = (x_1,x_2,\cdots,x_n) \in R^n \& a_1 x_1 + \cdots + a_n x_n + b > 0\}$$

$$H^-(a,b) = \{x:x = (x_1,x_2,\cdots,x_n) \in R^n \& a_1 x_1 + \cdots + a_n x_n + b < 0\}$$

根据点所在的半空间，将其分类为一种类别。如果 $y=1$ 和 $y=-1$ 是这两类的标签，则根据以下计算结果为数据点 x 分配标签 y：

$$y = \begin{cases} +1, x \in H^+(a,b) \\ -1, x \in H^-(a,b) \end{cases} \tag{2.7}$$

SVM 模型可产生最好的超平面，可将向量完全分成两个不相交的类别。但是，不可能完美分离两个不相交的类别，并且模型可能无法用于对一些点进行恰当分类。SVM 会识别一个超平面，该超平面可最大程度地增加类别之间的间隔，并最大程度地减少错误分类的次数。也就是说，SVM 分类器尝试尽可能增加类别之间的距离，其称为大间隔分类。如果要求所有数据点都严格位于限制之外，则该分类称为硬间隔分类。但是，为了构建更灵活的模型，需要在最大化间隔和最小化数据点间隔违反之间进行权衡。此类 SVM 建模称为软间隔分类。在所有情况下，SVM 旨在通过最大化类别之间的间隔确定最佳的超平面。

假定 u_1，…，u_m 为训练集中标签分别为 y_1，y_2，…，y_m 的点。通过解决以下二次优化问题可获得超平面参数（a，b）：

$$最小化 \boldsymbol{a}^{\mathrm{T}}\boldsymbol{a} = a_1^2 + a_2^2 + \cdots + a_n^2 \quad （受制于以下条件） \tag{2.8}$$

$$y_i(\boldsymbol{a}^{\mathrm{T}} u_i + b - 1) \geqslant 0 \quad (i = 1,2,\cdots,m) \tag{2.9}$$

该二次优化问题称为原始问题。可通过查看原始问题的对偶获得解决方案，可根据拉格朗日乘数表示如下：

$$L = \sum_{i=1}^{m} \alpha_i - \frac{1}{2}\sum_{i=1}^{m}\sum_{j=1}^{m} y_i y_j \alpha_i \alpha_j \boldsymbol{u}_i \boldsymbol{u}_j^{\mathrm{T}}$$

可通过最大化 α_1's 上的 L 获得最佳拉格朗日乘数。a 可确定为 $\sum_{i=1}^{m} y_i \alpha_i \boldsymbol{u}_i$，并可基于 Karush-Kuhn-Tucker（KKT）条件获得 b。

分离两组数据的最简单方法是采用线性超平面，包括用于二维数据的直线或用于三维数据的平面，或用于 n 维数据的 $n-1$ 维超平面。如果可利用超平面容易地区分两个类别，则可以说它们是线性可分离，相应的分类称为线性 SVM 分类。但是，许多数据集并非线性可分离，并且非线性区域或表面可比超平面更好地分离数据点组。由于很难找到非线性分离的超平面，因此，非线性数据集还可通过以下方法进行处理。

（1）通过添加多项式特征扩大特征集。

（2）使用核函数和核技巧。

（3）添加根据相似性函数计算的相似性特征。

通过添加特征的多项式函数扩大特征集是一种处理非线性数据集的方法。但是，有低阶多项式特征的模型无法处理复杂的数据集，而有高阶多项式特征的模型可能会较为繁琐。

如果无法在某些欧几里得空间中利用线性超平面分离数据点，且如果将其映射到更高维度的空间中，则可通过线性超平面将其分离。核函数可用于将数据点映射到更高维空间中。为此，在原始输入空间中表现为非线性的算法可在高维空间中表现为线性。利用核技巧可将分类算法应用于更高维空间中，而无需将输入点显式映射到该空间中。核技巧是一种通过看似添加了许多多项式特征获得相同结果的有效方法。为此，对于任何可用向量的点积（内积）表示计算结果的算法，核技巧都可充当从线性到非线性过渡的桥梁。

假设想要将输入特征向量映射到更高维输出空间的函数 $f(\cdot)$，其可通过以下核函数 $k(\cdot)$ 实现。$R^n \times R^n$ 上的核函数 $k(\,,)$ 是一个连续且对称的函数，最好带有一个正（半）定格拉姆矩阵。核矩阵 $\boldsymbol{K} = (K_{ij}) = (k(u_i, u_j))$ 是正（半）定。格拉姆矩阵是由希尔伯特空间元素成对标量乘积组成的方阵。然后，利用函数 $f(\cdot)$ 可计算所有 u、v 的点积 $(f(u), f(v)) = k(u, v)$，以及非线性映射的内积，而无需进行明确评估。这降低了问题优化的复杂度，同时对拉格朗日公式不会造成任何影响。可根据核函数 $k(\,,)$ 和拉格朗日乘数计算问题优化的对偶：

$$L = \sum_{i=1}^{m} \alpha_i - \frac{1}{2}\sum_{i=1}^{m}\sum_{j=1}^{m} y_i y_j \alpha_i \alpha_j (k(x_i, x_i))$$

符合默瑟定理的核为正半定，其核矩阵仅有非负特征值。当核为正定时，优化问题将成为凸集，并且具有唯一的解。但是，许多广泛使用的核函数（如 Sigmoid 核）并非严格正定，其在实践中也显现出出色的性能。实践证明，与大多数经典核相比，仅有条件正定的核在性能方面更胜一筹。当训练集较大并且数据元素具有许多特征时，应首先采用线性核。如果训练集规模较小，则可使用高斯 RBF 核。其他核可用于交叉验证和网格搜索。

采用核函数基于以下事实：可设计许多算法（如 SVM），与数据交互的唯一方法是通过计算数据点的特征向量的点积。建议通过相似性函数解除核函数的某些限制。在这种情况下，利用相似性函数计算并添加相似性特征。相似性函数可用于衡量各实例与特征点之间的近似程度。SVM 的网络安全应用包括：

（1）入侵检测系统（IDS）；

(2) 网络攻击分类;

(3) 恶意程序检测。

可为 IDS 设计一类、两类或多类 SVM 模型。一类 SVM 仅需要包含正常流量的训练数据集,而两类 SVM 需要包含正常流量和异常流量的训练数据集。可利用多类 SVM 将恶意流量分类为拒绝服务攻击、分布式拒绝服务攻击、探测攻击、恶意软件攻击等。

SVM 还可用于线性和非线性回归问题。对于回归问题,算法不会在限制间隔违规的同时,尝试在两个类别之间拟合尽可能宽的距离,而是尝试在一定距离上尽可能多地拟合实例,并同时限制间隔违反。核化 SVM 模型可用于解决非线性回归问题。

2.7 决策树

决策树是一种常用的有监督机器学习算法,可用于解决分类和回归问题。决策树算法可利用训练数据制定一套决策规则。根据该组决策规则可预测测试数据的标签或类别。决策树算法采用树结构,其中各非叶节点充当决策者,而各叶节点代表某个类别或标签。因此,决策树为从数据集到从树的根到叶的路径进行定义的标签集的预测变量 $h: X \to Y$。各非叶节点遵循特定的决策标准,需要确定树是否必须通过左分支或右分支进行解析。在各节点上做出决策,直至到达叶节点为止,并在叶节点确定数据点的类或标签。在决策树中,各顶点或节点代表一个元素,各边沿或分支代表一个决策,各叶代表一个类或标签。

熵是信息不确定性或随机性有关的量度,其值在 0 到 1 之间。熵越高,数据越随机,越难以根据信息得出结论。抛掷规则硬币的方式与结果之间没有联系。在这种情况下,下一次抛硬币的未知结果熵的最大值为 1。这存在最大不确定性,但每次抛硬币的信息都会明确。如果硬币完全偏向尾部或头部,则抛掷的结果不存在不确定性。在这种情况下,熵的最小值为 0。对熵控制决策树拆分数据并绘制其边界的方式。在分割数据时,计算称为信息增益的熵的变化。熵的变化越大,分割效果越好。数据集中具有特征 $(x_1, \cdots, x_n)$ 的任何元素 X 的熵 $H(X)$ 可通过以下公式计算:

$$H(X) = -\sum_{i=1}^{n} p_i \log_2 p_i \tag{2.10}$$

式中:p_i表示 x_i发生的概率。可选择具有最低熵值的数据点 X 作为决策树的根节点。

信息增益 IG(,) 可用于衡量某个元素有关某类别的信息量。决策树算法的目标在于尽可能提高信息增益。信息增益的计算基于拆分有关属性数据集后熵值的降低。对于决策树算法，特征 x_i 的信息增益根据下式进行计算：

$$\mathrm{IG}(D_p, x_i) = H(D_p) - \frac{n_{\text{left}}}{n_p}H(D_{\text{left}}) - \frac{n_{\text{right}}}{n_p}H(D_{\text{right}}) \tag{2.11}$$

式中：x_i 是分割的特征；n_p 是父节点中的样本数；n_{left} 是左子节点中的样本数；n_{right} 是右子节点中的样本数；$H()$ 是熵测度；D_p 是父节点的训练子集；D_{left} 是左子节点的训练子集；D_{right} 是右子节点的训练子集。有最高信息增益的特征用于首先拆分数据集。

决策树的构建基于算法各阶段具有最高信息增益的属性或特征。第一步，计算目标的熵。第二步，根据数据的不同属性拆分数据集。然后计算各分支的熵，并按比例加总，对总熵进行拆分。从分割之前的熵中减去所得的总熵，以获得作为信息增益的熵减小值。第三步，选择信息增益的最大属性作为决策节点。数据集根据分支划分，并且在各分支上重复相同的过程，直到分支的熵变为 0 并变成叶节点为止。

对于待构建的最佳树，要确定放置在根节点上的最适当属性。此外，必须减少树中各级别的熵，降低总体不确定性。最大树深是从树根开始的最大节点数。一旦达到最大树深，应停止添加新节点。树越深，模型越复杂，训练数据过拟合的概率越大。一旦达到节点可能称为最小节点记录的最低数量训练模式，就必须停止拆分和添加新节点。添加到现有节点中的新节点称为其子节点，而终端节点无子节点。其他节点可有一个或两个子节点。在创建节点后，可通过递归调用节点创建函数，从而创建子节点。此函数的参数包括最大深度、节点的当前深度和最小节点记录。一旦到达终端节点，树将停止生长，然后进行最终预测。

可根据从根节点到叶节点的完整决策树对数据点进行分类。首先，检查数据点中由根节点指定的属性，然后根据属性值检查延伸至树枝的数据点。针对各子树级别重复上述过程。以下总结了利用决策树作为分类器预测数据点标签的步骤。

(1) 从根节点开始搜索。

(2) 在各内部节点上，评估数据点的决策规则，并确定由决策规则指定的子节点分支。

(3) 在到达叶节点后，将分配给该节点的类指定为数据点的类。

决策树的停止条件如下。

(1) 所有叶节点均已标记。

(2) 达到最大节点深度。

（3）拆分任何节点都不会产生信息增益。

算法 2.1　决策树算法

输入：包含各特征的 CSV 文件
输出：分配了带标记的分类样本
1：如果叶节点不满足提前停止条件，则
2：选择“最佳”拆分的属性；将其分配为根节点
3：重复
4：从根节点开始作为父节点
5：在某些特征 x_i 处拆分父节点，以最大化信息增益
6：将训练样本分配给新的子节点
7：直到各新子节点
8：结束如果语句

以下为决策树算法：

- ID3（迭代二分频器 3）；
- C4.5（ID3 的前身）；
- CART（分类和回归树）；
- CHAID（卡方自动交互检测器）；
- MARS：扩展决策树以更好地处理数字数据；
- 有条件推理树。

Ross Quinlan 于 1975 年开发了基于概念学习系统（CLS）算法的 ID3 算法。ID3 算法通常根据名义特征进行分类，不存在缺失值。1993 年，Ross Quinlan 再次提出 C4.5 算法，其打破了 ID3 算法的某些限制。ID3 的局限性之一在于其对具有较大值的元素非常敏感。C4.5 通过信息增益来解决此问题。有条件推理树通过非参数测试拆分节点，可通过多次测试对其进行校正，以免过拟合。该算法可实现无偏的预测变量选择，不需要调整。

2.8　最近邻

最近邻（NN）学习也称为基于实例的学习，因为此类算法基于实例之间的相似性或距离计算，其为可用于解决分类和回归问题的一族算法。k-最近邻算法（k-NN）是一种简单的算法，其参数为 $k \in Z^+$，具有易于解释、执行时间短等特点。该算法的工作原理如下。当需要对新数据点进行分类时，可利用某些距离度量从训练数据中找到其 k-最近邻算法。新数据点属于大多数 k-最

近邻算法的类别。参数 k 可用于确定所考虑的邻数，并且对算法的有效性有显著影响。图 2.1 所示为训练错误率曲线，k-NN 算法有不同的 k 值。当 $k=1$ 时，距离训练数据最近的点为其本身。

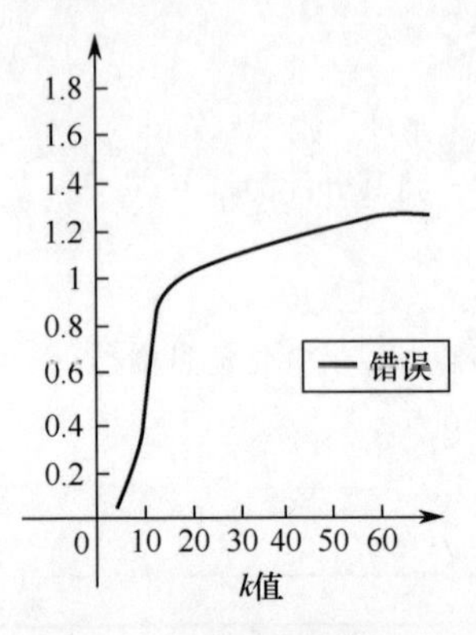

图 2.1 训练错误率曲线

1-NN 算法可预测与训练集中最近实例相同的类别。对于 1-NN，预测始终准确，错误率为 0。

NN 算法基于完整的训练数据集进行模型表示，不需要任何学习。此类分类器采用训练数据集中可用的部分或全部模式对测试模式进行分类。此类分类器可识别测试模式和训练集中的各模式之间的相似性。

k-NN 算法通过搜索整个训练集识别其 k 最近邻，并预测新的数据点。一旦确定 k 最近邻，则回归涉及确定此类最近邻的（算术）平均值，而分类则涉及邻的类值模式。k-NN 利用某些距离度量（如欧几里得、曼哈顿等）确定最近邻。

2.9 聚类分析

聚类分析是指对一组数据点或模式进行分组的过程，其将给定的模式集合划分为一组内聚的组或聚类。聚类分析可将存在某种相似性的模式归入同一聚类，从而使存在差异的模式置于不同的聚类中。当且仅当两个模式之间的距离（如欧几里得距离）小于指定阈值时，才可将两个模式归入同一聚类中。聚类分析涵盖以下重要步骤。

（1）将模式表示为特征向量。

（2）定义相似性函数。

（3）选择聚类分析算法，并生成聚类。

（4）根据形成的聚类做出决策。

根据聚类相交情况可将聚类分析分为硬聚类分析和软聚类分析。硬聚类分析算法采用分层或分区结构。对于分层聚类分析，将生成嵌套的分区序列，而对于分区聚类分析，将生成给定数据集的分区。分层聚类分析算法具有非线性的时空复杂度，因此计算量很大。当数据集规模较大时，不可采用此类算法。软聚类分析算法利用模糊集、粗糙集、人工神经网络（ANN）、进化算法、遗传算法（GAs）等。

分层算法将数据划分为嵌套序列，可使用称为树状图的树结构表示该序列。此类算法可采用分裂或凝聚结构。在分裂算法中，所有分区都首先归入单一聚类，并且在各后续步骤中将对聚类进行划分。分裂算法通过自上向下的策略生成数据分区。对于分裂算法，一旦将两个模式放置于同一级别的两个不同聚类中，所有后续级别将保留在不同的聚类中。对于某些分裂算法而言，其仅考虑一个特征，而其他算法则同时考虑多个特征。因此，此类算法分别称为一元算法和多元算法。多元聚类分析可找到所有潜在的两个分区。选择两个聚类的样本方差之和最小的分区作为最佳的 2 分区。从分区中选择具有最大样本方差的聚类，并将其划分为最佳 2 分区。重复此过程，直到获得单例聚类。分裂算法效率不高，因为其需要指数级时间来分析模式或特征的数量。凝聚算法从单例聚类开始，其中各输入模式都放在不同的聚类中。后续合并最相似的聚类对。凝聚算法采用自下而上的策略。对于凝聚算法，一旦将两个模式放在同一级别的相同聚类中，其将在后续级别中保持在相同的聚类中。

k-均值是一种常见的非确定性和迭代聚类分析算法，可用于预定义数量（如 k）聚类的给定数据集。k-均值算法为数据集生成的 k 个聚类生成 k 个形心。k-均值算法适用于维数较少的连续数值数据。k-均值算法的步骤如下。

（1）从给定的 n 个模式集中选择任意 k 个模式作为初始聚类中心（聚类形心）。

（2）为其余的 $n-k$ 个模式确定最近的聚类中心，并将点分配给该聚类。如果聚类模式分配没有变化，则停止。

（3）根据当前的模式分配重新计算新的聚类中心。

（4）转到第（2）步。

可通过多种方法选择初始聚类中心，包括从给定的 n 个模式中选择前 k 个，从给定的 n 个模式中随机选择 k 个模式，采用优化方法，求全局最优解等。k-均值算法具有以下特征：其可使聚类与聚类中心模式平方偏差的和最小。如果 X_i 是第 i 个聚类，而 λ_i 是其中心，则该算法可将函数最小化。

$$\sum_{i=1}^{k} \sum_{x \in X_i} (x - \lambda_i)^{\mathrm{T}} (x - \lambda_i) \tag{2.12}$$

k-均值聚类分析算法可应用于罪犯心理画像。罪犯心理画像是针对犯罪分子个人和群体及其犯罪数据进行聚类分析的过程。罪犯心理画像可用于对网络犯罪分子进行分类。

2.10 降维

降维是将大规模数据集转换为小规模数据集而又不会丢失相关数据的过程。对于机器学习，该技术有助于获取更好的分类和回归任务特征。数据降维的好处如下。

(1) 删除冗余特征。

(2) 压缩数据，从而减少所需的内存。

(3) 提高计算速度。

(4) 允许采用适用于低维数据的算法。

(5) 处理多重共线性问题。

(6) 允许更精确地绘制和可视化数据，有助于更清晰地观察图案。

数据可以矩阵形式表示，其中每一行代表一个数据元素，每一列代表一个特征，我们称其为数据矩阵。我们将在下方列出常用的降维方法。

1. 删除带有缺失值的列

在数据矩阵中，如果一列具有太多缺失值，则相应特征不太可能携带大量有用信息。如果缺失值的数量大于阈值，则可从各数据元素中删除该特征。

2. 低方差滤波器

方差可用于测量数据矩阵列中的信息。低方差表示该列中的信息较少，并且与该列相对应的特征不适合用于区分各种数据点。可设置阈值，并且可删除方差小于阈值的所有列。

3. 高相关滤波器

数据矩阵中显示相似趋势的列可能包含非常相似的信息。如果其中一个数据列中的值与另一数据列中的值高度相关，则该数据列不会包含太多新的信息。在这种情况下，仅需在数据矩阵中保留一个此类列。我们需要测量列对之间的相关性，并确定相关性高于给定阈值的列对。同时，需要删除一对这样的列。

4. 随机森林/集成树

对于决策树的随机森林或集成，可生成针对目标属性的精心构建的大树集。然后，根据各属性的统计信息确定功能最丰富的子集。生成了在一小部分属性上接受训练的许多浅树，通常被视为最佳拆分的属性将保留为信息性特征。基于根据随机森林的属性使用统计数据计算出的分数，确定最具预测性的属性。

5. 主成分分析

主成分分析（PCA）是一种统计技术，其利用正交变换将 n 维数据集转换为较低维的新数据集，其中在称为主分量的不同坐标系中，$k<n$。数据的最大潜在方差（大部分数据信息）将沿着第一个主分量，而第二个最大潜在方差将沿着后续分量，依此类推。通过仅保留前 k 个分量，可将数据的维数从 n 减小到 k，同时将保留大多数数据信息或变化。

6. 后向特征消除

在各阶段采用迭代技术将特征尺寸减小 1，直到达到最大容许误差为止。在第一次迭代过程中，分类算法在 n 个输入特征上进行训练。一次删除一个输入特征，并在 $n-1$ 个输入特征上训练相同的模型。针对 n 个特征，重复 n 次。删除对错误率影响最小的特征。将特征维数减小到 $n-1$。然后针对 $n-2$ 个特征重复该过程，依此类推。每次迭代 m 都会产生基于 $n-m$ 个特征训练的模型，错误率为 $\in_k$。通过固定最大容许错误率，我们确定了根据所选算法想达到目标分类性能所需的最少特征数。

7. 前向特征构建

此为后向特征消除技术的逆过程。仅从一项特征开始，然后逐步添加特征，以最大程度地提升性能。后向和前向算法都非常耗时且计算量大，仅适用于输入列数相对较少的数据集。

2.11 线性判别分析

线性判别分析（LDA）是一种线性分类算法，可打破逻辑回归的某些限制。尽管逻辑回归是一种简单但强大的线性分类算法，但其具有以下局限性。

（1）限于二进制分类。逻辑回归用于二进制或二类分类问题。尽管也可用于解决多类分类问题，但是应用不多。

（2）当妥善分离各类别时，表现不稳定。在类别分离时，逻辑回归可能不稳定。

（3）当训练数据较少时，不稳定。当训练数据很少且难以估计参数时，逻辑回归可能不稳定。

LDA 解决了此类问题，是一种适用于多类别以及二进制分类问题的线性分类器。LDA 是一种贝叶斯分类器，其采用以下分类方程：

$$C(x) = \underset{r \in \{1,2,\cdots,k\}}{\arg\max} Pr(Y = r \mid X = x) \tag{2.13}$$

式中：x 为特征向量；$r \in \{1,2,\cdots,k\}$ 为类标签。分类器可计算 $r = 1,2,\cdots,k$ 各输出类别 Yr 的条件概率 $Pr(Y = r \mid X = x)$。当 $\boldsymbol{x}$ 为特征向量时，其为 r 类的条件概率。分类器 $C(x)$ 可返回最大概率的类（r）。

2.12 提升算法

提升算法是指将弱分类器转换为强分类器或基于许多弱分类器创建强分类器的过程。强分类器与真实分类器紧密相关，而弱分类器仅与真实分类器存在一定的相关性。如前面所述，第一种方法，首先根据训练数据构建机器学习模型，然后将其转换为另一个模型，纠正第一个模型错误。第二种方法，通过预测结果整合几个弱学习者，以打造一个强学习者。添加弱模型，直到训练集上组合模型的预测变得完美或已添加了最大数量的模型。具体而言，在训练数据上多次执行弱学习者，并且最终分类器成为不同分类器强度加权的线性组合。本质上而言，提升算法属于迭代算法，其中每轮生成的分类器取决于之前的分类器以及前几轮中的分类错误。

自适应提升算法或 AdaBoost 是针对二进制分类和回归算法开发的成功提升算法。这是一种自适应的整体学习算法，其利用多次迭代生成强学习者。AdaBoost 算法通过在各轮训练中向集合中迭代地添加新的弱学习者创建强学习者。每轮调整权重指标，调整先前轮次中错误分类的数据点类别。还有其他一些提升算法，如基于 AdaBoost 开发的随机梯度提升算法。

第3章　机器学习和网络安全

3.1　简　　介

机器学习（ML）可定义为在无须编程的情况下进行学习的能力。通过基于网络数据的数学技术，机器学习算法可构建行为模型，并对新输入数据进行预测。机器学习技术可用于自动分析威胁并快速响应攻击和安全事件。机器学习技术可用于解决各种网络安全问题，例如：

（1）垃圾邮件和网络钓鱼页面检测；

（2）恶意程序检测和识别；

（3）DoS 和 DDoS 攻击检测；

（4）异常检测；

（5）生物识别；

（6）用户身份和认证；

（7）检测身份盗用；

（8）社交媒体分析；

（9）检测信息泄漏；

（10）检测高级持续威胁；

（11）检测隐藏频道；

（12）检测软件漏洞。

以下各节将简要讨论此类网络安全问题和基于机器学习技术的解决方案。

3.2　垃圾邮件检测

垃圾邮件是我们邮箱中所收到的无价值的电子邮件。垃圾邮件可定义为来源不明的商业电子邮件或批量电子邮件，其不仅烦人，而且可能很危险。垃圾邮件的内容包括商品和服务广告、色情材料、金融广告、软件非法副本信息、欺诈性广告、索取钱财的欺诈信息、恶意软件链接、网络钓鱼网站等。发送垃圾邮件旨在赚钱、进行网络钓鱼诈骗、传播恶意代码等。垃圾邮件不仅会损坏计算机系统，还可能会阻塞计算机网络。垃圾邮件还可用于发起拒绝服务（DoS）攻击。

可基于电子邮件的文本内容对垃圾邮件进行过滤。作为特殊文本，电子邮件分为垃圾邮件和非垃圾邮件。文本分类技术（如 TF-IDF、朴素贝叶斯、SVM、n-gram、提升算法等）可用于基于文本内容的垃圾邮件过滤。此类方法的局限性在于需要大量训练数据、处理能力等。

其他机器学习技术涉及将电子邮件转换为特征向量，其中特征包括电子邮件令牌、大小、是否存在附件、IP 和收件人数量。可利用的机器学习技术包括 SVM、决策树、神经网络等。

3.3 网络钓鱼页面检测

网络钓鱼是指网络犯罪分子通过将用户重新定向到恶意网站以获取用户凭证的一种方法。通过电子邮件，SMS 等发送的恶意网络链接可能包含能够嗅探用户敏感信息的有效负载。因为心理上受到影响，用户会选择相信恶意网站上的内容，输入个人的详细信息，如用户名、密码、银行账号、信用卡详细信息等。犯罪分子通常会模仿知名机构的网站，使得用户毫不犹豫地输入个人信息。当前，网络钓鱼网站不仅窥探用户凭证，而且还传播恶意软件，如信息记录程序、窃取程序、键盘记录器等。此类恶意软件可从系统中窃取信息记录程序或捕获用户击键次数等信息。

当前基于机器学习的检测算法主要采用以下各种特征：

（1）基于 URL 的特征；

（2）基于域的特征；

（3）基于页面的特征；

（4）基于内容的特征。

基于 URL 的特征包括 URL 位数、URL 总长度、URL 子域数、拼写错误的域名、所使用的 TLD 等。某些基于域的特征包括公认黑名单中的域名或 IP 地址、域的年限、域的类别、注册者名称的可用性等。基于页面的特征包括全球和国家 PageRank、在 Alexa Top 1M 网站上的排名、每天、每周或每月对该域的预计访问量、每次平均页面浏览量、平均访问持续时间、各国/地区的网站流量份额、来自社交网络的参考文献数量、相似网站等。基于内容的特征包括页面标题、元标记、隐藏文本、正文文本、图像、视频等。

用于网络钓鱼页面检测的常见特征包括 URL、PageRank、SSL 证书、Google 索引、域以及基于网页源代码的特征。但是，此类特征具有以下限制。

在免费虚拟主机服务上托管的网页永远不会包含合法网页的某些相关特征，如PageRank、域的使用期限、SSL证书和Google索引。另一方面，黑客有可能通过利用黑帽SEO技术（如关键字填充）宣传网络钓鱼页面，从而使其在Google搜索结果排名中更靠前，或者链接垃圾邮件以便扩散PageRank网络钓鱼页面。此外，借助第三方工具（如Web Clicker应用程序）可在数分钟内形成数千个页面浏览量，从而快速提升网站的传入流量。黑客可利用黑帽SEO工具部分规避URL和基于域的检测机制。我们可得出结论：基于URL和域的特征对于网络钓鱼网页检测不是很有效。

网络钓鱼页面检测属于有监督分类问题。在训练阶段，我们需要包含网络钓鱼页面和合法页面样本的标记数据。训练数据集对于建立成功的检测机制非常重要。我们必须使用明确知道其类别的训练样本。PhishTank是网络钓鱼网站的知名公共数据集。网站信誉服务可用于收集合法网站信息。SVM、决策树、朴素贝叶斯等机器学习技术已用于网络钓鱼页面检测。

3.4 恶意程序检测

恶意软件是指旨在故意损害计算机系统和网络的任何软件。恶意软件可分为以下几类。

（1）病毒。这是一种未经用户许可即可加载和启动的恶意软件，其可自行复制并感染其他软件。

（2）蠕虫。此类恶意软件与病毒非常相似，但不同的是，其可在网络上传播并自行复制到其他计算机中。

（3）木马。此类恶意软件显示为合法软件，但其中隐藏了恶意功能。

（4）广告软件。此类恶意软件可在计算机上显示广告。

（5）间谍软件。此类恶意软件执行间谍活动。

（6）隐匿程序。借助此类恶意软件，攻击者可通过root访问系统和网络。

（7）后门。此类恶意软件为攻击者提供了额外的秘密系统入口点。

（8）键盘记录器。此类恶意软件能记录用户按下的所有键，并捕获所有敏感数据，包括密码、信用卡号等。

（9）勒索软件。此类恶意软件将对所有数据进行加密或锁定访问，并要求受害者支付赎金以取回访问或解密的数据。

（10）远程管理工具（RAT）。攻击者可通过此类恶意软件访问系统并像远程管理员一样进行修改。

现有的恶意程序检测通过静态、动态或混合（静态与动态结合）分析进行。一方面，静态分析利用软件源代码特征，如签名、API 调用、函数调用并在不运行软件的情况下，检测其恶意权限。另一方面，在虚拟环境中以理想状态运行软件时，会对软件进行动态分析。恶意软件可利用加密或混淆的源代码或绕过权限来绕过静态检测机制。在恶意程序检测时，动态分析将采用运行时特征，如系统调用、API 调用、CPU 内存使用情况等。现有的大多数恶意程序检测机制都采用机器学习算法，其中权限、API 调用、系统调用、系统调用频率、密度、共现矩阵和马尔可夫链状态转换概率矩阵被视为特征。静态分析可采用多种技术，例如：

（1）检查文件格式，获取编译时间、导入和导出函数等；

（2）字符串提取，以检查输出结果；

（3）指纹识别，包括加密哈希计算、查找环境伪像，如硬编码用户名、文件名和注册表字符串；

（4）用反恶意软件扫描仪进行扫描；

（5）在将机器代码转换为汇编语言并推断软件逻辑和意图时进行反汇编。

对于动态分析而言，当在虚拟环境（沙盒）中运行软件时，将监视软件行为并推断出软件属性和意图。通过此类分析可获得有关所有行为属性的信息，如打开的文件、创建的互斥器等。

机器学习技术既可用于检测恶意程序，也可用于恶意软件分类。基于特征的恶意软件检测器可很好地检测具有已知签名的恶意软件。但是，它们可能无法检测具有更改签名能力的多态恶意软件以及具有不同签名的新恶意软件。未知的恶意软件类型将根据机器学习算法所识别的某些特征归为几类。对于已知的恶意软件，可进一步进行分类。现在，我们将讨论一些 Android 机器学习恶意程序检测机制。

对于基于众包的 Android 系统而言，基于行为的恶意程序检测程序将收集来自用户的系统调用信息，并将其发送到集中式服务器中进行分析。在用户每次进行交互时，服务器将创建系统调用变量，以便对数据进行预处理。k-均值聚类分析算法用于识别应用程序是否为恶意软件，其中聚类数量为 2。如果用户非常少，则此方法不起作用，因为 k-均值聚类分析算法需要大量数据。

统计挖掘技术也可用于检测智能手机中是否存在恶意软件应用。每 5s 收集一次 CPU 使用率、内存使用率、网络流量、电池使用率等特征，然后将其存储在数据库中。该数据库可通过多种已知恶意软件和善意软件应用及其变体的数据进行构建。然后应用决策树、逻辑回归、朴素贝叶斯分类器、人工神经网络和支持向量机等机器学习算法识别应用是否为恶意软件。

用于检测 Android 恶意软件的另一种机制采用权限作为特征。首先，创建在知名善意软件和恶意软件应用中具有权限的数据集。其次，基于特征选择算法从该数据集中选择相关特征。然后，采用k-均值聚类分析算法从善意软件应用中识别恶意软件。最后，利用机器学习算法（如J48、随机森林等）将聚类中的恶意软件分类为木马、信息窃取程序等。

API级别的特征也可用于检测Android恶意软件。在这种情况下，将提取危险的API、其参数和程序包级别的信息，并根据此类特征训练分类器，如ID3 DT或C4.5 DT或k-NN或线性SVM。可通过对字节代码进行加密绕过检测，但会导致API不可用。

隐马尔可夫模型（HMM）也可用于恶意程序检测，但需基于以下观察结果：各智能手机应用都涉及用户与设备之间的一系列交互。系统调用与用户操作相关，可用于检测恶意活动。其采用进程状态（由应用程序调用的系统调用集）转换和用户操作模式。HMM将用户操作作为输入，并关联过程状态和转换与此类用户操作，并计算所观察序列的可能性。如果可能性低于阈值，则将该应用程序归类为恶意软件。

还可采用系统调用序列作为观察结果并将按键序列作为隐藏状态，以便构建HMM。收集由应用程序生成的按键和系统调用序列，并利用Viterbi算法获得隐藏的按键序列。将隐藏的按键序列与存储的序列进行比较，从而将应用程序分类为恶意软件或善意软件。

MALINE是根据系统调用依存关系检测Android恶意软件应用的工具。其首先收集由应用生成的系统调用信息，并将其存储在日志文件中，从该日志文件中生成系统调用依存关系图和系统调用频率变量等特征。特征数据集基于多个恶意软件和善意软件应用进行构建。随后，基于此类特征，采用机器学习算法识别给定应用是否为恶意软件。此类方法的局限性在于其需要大量的训练数据集。

3.5 DoS和DDoS攻击检测

DoS或DDoS攻击是一种恶意尝试，旨在通过大量互联网流量淹没目标或基础结构，从而破坏目标服务器、服务或网络的正常流量。DoS攻击通过耗尽带宽、内存及其处理能力来影响机器或网络。通过生成大量恶意数据包，DoS攻击可阻止受害者正常操作，阻止合法用户享受不同的服务。DDoS是DoS的一种，其利用多台计算机以相互协同的方式对目标实施攻击。

主要通过以下两种入侵检测方法之一检测DoS攻击行为。

（1）基于特征的入侵检测。

（2）基于异常的入侵检测。

基于特征的入侵检测可用于比较网络流量与数据库中所存储的已知网络攻击模式。尽管此方法产生伪肯定警告的概率较低，但其可能无法检测到零日攻击。基于异常的入侵检测利用网络流量统计信息（如数据包头信息、数据包大小和数据包速率）检测各种网络入侵。尽管基于异常的入侵检测机制不需要对比异常数据库（导致内存和维护需求较少），但是，难以检测到与正常流量类似的恶意流量，如低速率 DDoS 攻击，且无法保证检测到未知攻击。

机器学习模型采用的某些特征为熵，从来源到目标传输的数据字节数、到主机的连接数、源和目标 IP 地址、字节率、数据包速率、TCP 标志比率、SYN 数据包统计信息和流统计信息、SYN 标志、分类字段和协议字段、TCP SYN 出现、目标端口熵、源端口熵、UDP 协议和数据包量等。目前，我们已采用 SVM、k-最近邻算法、朴素贝叶斯、k-均值等机器学习技术进行 DoS/DDoS 检测。

3.6 异常检测

异常检测是查找数据集异常、反常或意外模式的过程。此类模式称为异常或离群值。异常可能并非始终对应于网络攻击，而可能是一种新的行为。可利用机器学习技术检测异常、反常或意外行为，可将其归类为攻击和入侵。下面将讨论将聚类分析技术应用于异常和入侵检测的相关方法。

对于 k-均值聚类分析，可根据待分组对象的特征向量将对象分组为 k 个不相交聚类。网络数据挖掘（NDM）方法和 k-均值聚类分析算法可用于分离训练数据集中的正常流量与异常流量时间间隔。除了监视新数据，所生成的聚类形心还可用于快速异常检测。k-形心算法类似于 k-均值算法，在存在噪声和离群值的情况下性能更加稳健，因为与平均数相比，离群值或其他极值对于形心的影响较小。对于 k-形心法，各聚类均由其最合适的中心对象（形心）表示，而非不属于聚类的形心。k-形心法可用于检测包含未知入侵的网络异常，并且其准确性高于 k-均值算法。

对于 EM 聚类分析算法，并非根据形心将对象分配给聚类，而是根据表示隶属度的权重将对象分配至聚类。聚类的新均值基于权重度量进行计算。基于 EM 的异常检测机制要优于基于 k-均值和基于 k-形心的方法。

可通过整合无监督和有监督学习算法，从而获得可用于检测异常的组合方法，其将提高异常检测的效率和准确性。k-均值和 ID3 决策树组合可用于对计算机地址解析协议（ARP）流量中的异常活动与正常活动进行分类。

机器学习方法还可通过人工神经网络和支持向量机进行入侵检测。该方法应用于 KDD CUP99 数据集，实验结果表明，该方法对于 U2R 和 U2L 型攻击非常有效。

通过整合网络特征的熵和 SVM 可克服单个方法的弊端，并提高异常检测的准确性。

因此，存在不同的基于机器学习的异常检测方法。可基于系统的正常和异常行为构建模型。根据异常检测类型，选择不同的异常检测方法。当系统模型可用时，将基于所观察到的流量对其进行测试。如果发现偏差大于/小于预定义的阈值，则确定为异常流量。

3.7 生物识别

随着技术深入到现代生活的各个角落，对个人数据的保护变得越来越重要。此外，网络和身份盗窃事件中所揭示出的越来越多的安全漏洞也表明对更强大身份验证机制的需求。这为基于生物特征的身份验证技术的出现和迅速发展奠定了基础，这是一种有效的个人身份验证方法。通过将统计分析应用于生理或行为数据，生物识别技术将我们的身体用作自然识别系统。现在，我们正处于生物识别技术领域的变革时代，正在进行广泛的研究和产品开发，以便充分发挥该新兴技术的全部优势。

生物识别技术用于测量生理或行为信息，以便验证个人身份，因此其非常准确、可靠。生理特征涉及人体的可见部分，其中包括指纹、手指静脉、视网膜、手掌几何形状、虹膜、面部结构等。行为特征取决于人的行为，其中包括声纹、签名、打字模式、击键模式、步态等。

生物识别系统是一种模式识别系统，其通过从个人获取生物数据，提取特征集并将该特征集与数据库中所存储的模板集进行比较以便发挥作用。任何生物识别系统都涉及注册和验证两个不同的阶段。在注册阶段，收集用户生物数据以供将来进行比较，并将收集到的生物数据（生物模板）存储在数据库中。在验证阶段，用户将他/她的生物数据模板提供给系统，并且系统将该模板与用户在数据库中的相应模板进行比较。验证过程旨在确定某人所声称的身份。如果确定正匹配，将为用户提供特权或系统或服务的访问权。对于人员识别而言，需要对照查询生物特征模板搜索整个数据库。由于模板可能属于数据库中的任何人，因此需要检查一对多匹配。典型的个人身份识别系统为自动指纹识别服务（AFIS），许多执法机构都采用该服务识别和跟踪已知的罪犯。

用于识别或验证的生物学特征应可量化或可测量，因为仅能对比可量化的特征以获得布尔结果（匹配或不匹配）。通用生物识别系统中的不同组件包括传感器或数据采集模块、预处理和增强模块、特征提取模块、匹配模块以及决策模块。通过数据获取模块捕获用户的生物特征以便进行身份验证，并且在大多数情况下，所捕获的数据将采用图像形式。为在预处理阶段获得更出色的匹配性能，需要提高获取的生物数据质量。然后在特征提取阶段，从增强的生物数据中提取显著特征。所获得的特征模板存储在数据库中，并用于在匹配阶段与查询生物特征模板进行比较。决策模块将根据匹配得分做出最终的对比决策。

当前，基于生物特征的身份验证或个人识别已广泛应用于我们的日常生活中。相较于传统的访问控制方法（如密码或令牌），生物识别系统在许多方面都具有明显优势。主要优点包括以下几方面。

（1）生物识别系统基于这个人是谁或这个人是做什么的，而非基于这个人知道什么（密码、PIN）或拥有什么（令牌、智能卡）。

（2）生物识别采用生理或行为特征开展身份验证；其非常独特且准确，并且人的生物学特征较难以复制。

（3）窃取生物数据并重复使用非常困难。用户无须记住密码，并且由于无法共享生物特征，可最大程度地避免发生伪造的情况。

在确定将用于特定应用的适当生物特征前，需要分析某些重要的生物特征。所需考虑的不同生物特征如下。

（1）唯一性。所选的性状应代表个体之间充分的独特性。

（2）普遍性。几乎所有个体都必须拥有所选的性状。

（3）持久性。所选性状应在足够长的时间内保持不变。

（4）规避。从计算上而言，攻击者要模仿选定性状将会非常困难。

（5）类别之间/内部性能。类别间模板（两个不同个体的模板）之间应具有足够鲜明的特征。类别内模板（同一个体模板）应仅具有最低限度的独特性。

（6）可收集性。应易于收集用户特定性状的生物特征模板。

（7）可接受性。目标人群应愿意向生物识别系统显示所选的生物识别模板，并且系统用户界面应尽可能简单。

（8）成本。可处理所选性状的系统基础结构成本和维护成本应保持最低。

指纹和虹膜是大多数生物识别系统中最常用的生物性状。主要是由于其用户方便性（指纹识别系统非常便捷）和准确性（虹膜识别系统非常准确）。Aadhaar（Aam Aadmi Ka Adhikar）被视为世界上最大的通用公民身份识别程序和生物数据库，目前已被印度政府用于为公民提供社会服务。Aadhaar 在录入数据时会同时采集指纹和虹膜生物特征。

机器学习在改善生物识别系统性能方面发挥了重要作用。生物识别系统可基于机器学习算法自动无缝地完成一对一或一对多匹配任务。表 3.1 列出了各种生物识别方式中采用的特征和机器学习技术。

表 3.1 特征和机器学习技术

形式	特征	机器学习技术
面部	眼间距、DCT、傅里叶变换、眼睛与鼻子之间的距离比、主成分	PCA、LDA、核 PCA、核 LDA、SVM、深度神经网络
虹膜	DCT、傅里叶变换、小波变换、主成分、纹理特征	PCA、LDA
指纹	Delta、核心点、脊线端点、岛、分叉、细节、FFT	人工神经网络、支持向量机、遗传算法、贝叶斯训练、概率模型
手指静脉	LBP、细节、分叉和端点、像素信息	SVM、深度学习
掌纹	形状、纹理、掌纹、PCA、LDA 系数、DCT	朴素贝叶斯、k-最近邻算法、HMM
手掌静脉	LBP、细节、分叉和端点、像素信息	SVM、深度学习
语音	线性预测系数（LPC）、倒谱系数（CC）、MFCC 特征	高斯混合模型、HMM、ANN、SVM、深度学习

3.8 软件漏洞

软件漏洞是指在软件系统中发现的安全漏洞、故障或弱点。漏洞是指系统中的瑕疵，可导致系统面临攻击威胁。软件漏洞是指软件系统中的瑕疵，其可能导致计算机软件或系统崩溃或产生无效的输出或行为异常。以下为常见的软件漏洞。

（1）缓冲区溢出。

（2）数值上溢和下溢。

（3）类型转换错误。

（4）操作员滥用。

（5）指示字运算错误。

（6）评估订单逻辑错误。
（7）结构成员对齐错误。
（8）优先错误。
（9）宏和预处理器错误。
（10）字符串和元字符漏洞。
（11）特权问题。
（12）文件权限问题。
（13）竞争条件。
（14）进程、IPC 和线程错误。
（15）环境和信令问题。
（16）SQL 注入漏洞。
（17）跨站点脚本（XSS）漏洞。
（18）跨站点请求伪造漏洞（CSRF）。
（19）文件包含和访问漏洞。
（20）外壳调用、配置漏洞。
（21）访问控制和授权缺陷。

软件漏洞检测是确认软件系统是否包含可被攻击者用来破坏软件系统或该软件系统运行平台安全性之缺陷的过程。通过精心设计此类漏洞的利用程序，攻击者可发起代码注入攻击。代码注入攻击是针对软件应用程序的最强大、最常见的攻击之一。代码注入攻击促使攻击者能够在易受攻击的程序特权范围内执行（恶意）代码。识别并修复漏洞是评估和提高软件系统及其运行平台安全性的重要措施。

机器学习可用于对代码语法和语义进行建模、推断代码模式以分析大型代码库，并协助代码审核和理解。漏洞的机器学习检测方法可分类如下。

（1）异常检测方法。
（2）模式识别方法。

异常检测方法所采用的特征包括 API 使用模式、缺失检查、缺乏输入验证、缺少访问控制等。k-最近邻算法等机器学习技术已用于分类。

模式识别方法采用机器学习算法识别易受攻击的代码行以及关键字（特定关于编程语言）。所采用的特征包括应用程序、语法树等发起的系统调用和 API 调用。机器学习技术（如逻辑回归、多层感知器（MLP）、随机森林、神经网络、BLSTM 等）已用于软件漏洞分类。

第4章　支持向量机和恶意程序检测

4.1 简　介

在本章中，我们将了解什么是支持向量机（SVM），其如何工作，然后详细介绍在恶意程序检测中应用SVM的细节。SVM学习算法是一种用于回归和分类问题的有监督机器学习技术。回归模型用于预测连续值，分类模型用于预测数据点属于哪个类别。SVM主要用于解决分类问题。在本章最后，我们还将演示如何区分善意软件和恶意软件。

由于恶意软件的种类快速增加并且其攻击策略不断演化，当前的恶意程序检测已成为必然。本章的其他小节将说明SVM如何通过在特征空间中找到最佳的超平面，从而区分恶意软件和善意软件。特征空间是指用于对数据进行分类的一组集合或一组特征。超平面是指在特征空间中绘制的直线或平面或任何其他非线性边界，其绘制方式可保证有效区分恶意软件集合与善意软件。当数据集分布较为稀疏时，很容易构建超平面。在此类情况下，数据集分布非常密集，可能很难区分行为不同的样本。在这种情况下，必须构造非线性超平面。SVM中的核函数用于通过将非线性问题转换为线性问题，解决非线性问题，其通过将低维输入空间映射到较高维空间完成。

对于恶意程序检测而言，第一步是高效地提取特征。可通过从任何数据存储库（如Drebin数据集）下载样本，准备训练数据集，然后从样本中提取相关特征。SVM是一种有监督机器学习技术，需要将数据标记为恶意软件或善意软件，以便在训练阶段对其进行分类。此类特征与标签共同用于在特征空间中绘制数据样本，以便找到最佳超平面，从而有效地区分恶意软件与善意软件。

在以下各节中，我们将首先研究不同的恶意软件特征以及如何提取此类特征。然后，将研究如何在训练阶段使用训练数据集训练分类器，以及分类器如何学会区分恶意软件和善意软件。我们还将了解SVM中超平面的线性可分离性特征的最佳条件。学习超平面是SVM的最重要阶段。优化技术用于将非零权重数量减少到仅几个，对应于将决定超平面构造方式的重要特征。线性代数技术用于学习超平面。核是确定两个输入之间相似性的函数。在特征向量高度密集且难以找到线性超平面的情况下，则在 SVM 中采用核方法将特征向量映射到更高维空间。

4.2 恶意程序检测

恶意程序检测技术可大致分为以下两类。

(1) 静态分析，即在不执行恶意软件的情况下对其行为进行检查。提取恶意软件中的 API 调用以及使用逆向工程的操作码分析就是典型代表。特定恶意软件的各变体都具有不同的特征。基于特征的方法使用加密哈希函数，生成各文件的哈希。根据已知恶意软件的哈希数据库检查此类哈希。

(2) 动态分析，也称为行为分析，即在沙箱等受控环境中执行恶意软件，评估其行为及其在执行过程中展现的特性。恶意软件进行的系统调用就是典型代表。

当使用机器学习进行恶意程序检测时，特征选择是重要的步骤之一。其目标包括降低噪声、提高分类器训练的准确性和速度，并最大程度地缩小数据集，以便选择最佳的训练集。该方法基于通过梯度下降最大限度地缩小泛化边界，并且可进行计算。在存在许多无关特征的情况下，SVM 可能会表现不佳。样本特征原始数据包括有关标头、可能的压缩程序和压缩器、各部分大小、字符串、熵、文件哈希、以字节为单位的文件大小等信息。目标是将原始特征处理为数字特征。为从获取的数据中提取数值特征，特征提取是机器学习过程的重要组成部分。其他特征包括文件中的代码大小、文件中检测到的资源语言数量、文件中检测到的 PE 资源类型数量、文件中 PE 部分数量、入口点的十进制值（即控制从主机 OS 传输到文件的代码位置、初始化数据大小、原始文件名长度、包含所有全局未初始化变量或已初始化为零的变量的文件部分大小。可从 Android 恶意软件中提取的特征包括 API 调用、权限、操作码、系统调用、CPU-RAM 使用率、内存利用率、网络利用率等。为开展特征选择和/或数据分类，我们必须创建完整数据集的子集。

SVM 分类器通过确定最佳超平面学习如何分离数据。通过核函数，数据映射至更高维度的特征空间。主要目标是寻找一个超平面，根据我们指定的标签将训练数据集分为善意和恶意两类。SVM 是一种有监督机器学习技术，可在训练阶段输入预先标记的数据。特征选择方法旨在减少代表文件特征向量的维度并提高其紧凑程度。

在本章所开展的实验中，我们采用了经过一组恶意软件-善意软件样本训练的 SVM 分类器，以便检测 Android 恶意软件。对应于各 APK 样本的相关权限和 API 调用都存储在后缀为 .csv 的文件中，该文件还用于训练分类器。在此，我们处理数据的二进制分类，并且 SVM 有能力处理二进制数据（真/假或是/否或 1/0）。线性超平面和非线性超平面用于分类数据；各种线性、基于径向的函数、S 形、多项式和高斯等核函数也可用来构建分类器。所使用的超平面类型仅取决于数据集中的数据分布。

4.3 最大化边距和超平面优化

超平面是决策边界，并且支持向量机基于优化数据空间中的决策边界。在选择超平面时，应始终确保来自恶意软件和善意软件的最接近支持向量与边界保持最大距离。将该距离加倍则将得到称为间隔的量。在图 4.1 中，用虚线圆圈标记来自正类和负类的最接近支持向量。间隔内不应有数据点。图中的 + 和 - 分别表示善意软件和恶意软件样本除以超平面。

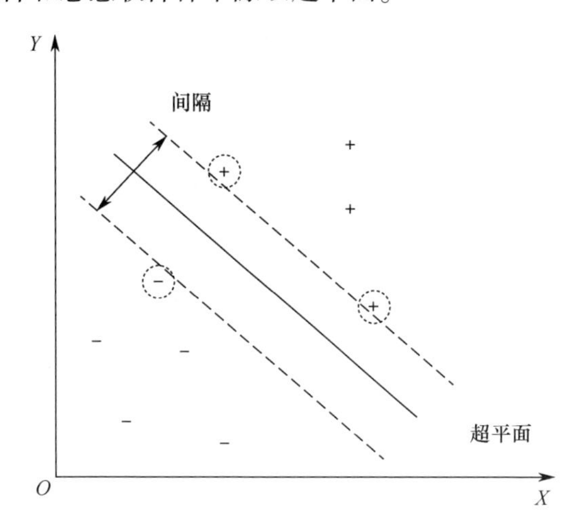

图 4.1　最佳超平面和间隔

如果超平面非常接近至少一个数据点（来自两个类），则间隔将很小，并且超平面距数据点越远，则其间隔将越大。SVM 的目的是找到最佳的分离超平面，从而最大化训练数据的间隔。如果在训练阶段找到超平面后，在边界之间没有样本点，则分类器具有 100% 的准确性。我们需要找到确定决策边界的特定决策规则。

令 $\boldsymbol{W}$ 为图 4.2 所示的内积空间中超平面的正交变量。向量长度未知。令 $\boldsymbol{W}^{\mathrm{T}}\boldsymbol{X}+b=0$ 为决策规则，该决策规则将利用决策边界（分离超平面）对数据

点进行分类。令 $\boldsymbol{X}$ 为任何待分类的数据点。我们旨在找到

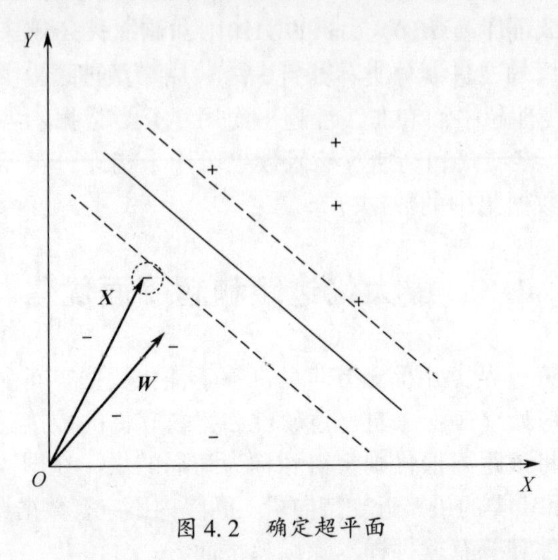

图 4.2 确定超平面

$\boldsymbol{X}$ 可能所属的类别。将 $\boldsymbol{X}$ 投影到正交 $\boldsymbol{W}$ 上，该投影将指示 $\boldsymbol{W}$ 方向上的距离。

正交 $\boldsymbol{W}$ 和向量 $\boldsymbol{X}$ 的点积给出 $\boldsymbol{X}$ 在 $\boldsymbol{W}$ 上的投影。如果 $\boldsymbol{X}$ 在 $\boldsymbol{W}$ 上的投影越过最佳超平面，我们就说样本 $\boldsymbol{X}$ 属于正类。在不失一般性的前提下，我们将其表示为

$$\boldsymbol{W} \cdot \boldsymbol{X} + b \geqslant 0 \tag{4.1}$$

如果式（4.1）成立，则数据点 $\boldsymbol{X}$ 被分类为善意软件（类别由 + 表示），称为 SVM 的决策规则。除了 $\boldsymbol{W}$ 与分隔的超平面正交且可具有任意长度外，不存在其他任何有关 $\boldsymbol{W}$ 以及常数 b 的已知信息（图 4.3）。令 $\boldsymbol{X}_+$ 和 $\boldsymbol{X}_-$ 代表正类和负类的任何样本，则具有以下关系：

$$\begin{cases} \boldsymbol{W} \cdot \boldsymbol{X}_+ + b \geqslant 1 \\ \boldsymbol{W} \cdot \boldsymbol{X}_- + b \leqslant -1 \end{cases} \tag{4.2}$$

我们需要相关约束条件，以便确定 $\boldsymbol{W}$ 和 b 的值。令 y_i 为约束条件：对于所有正样本，$y = +1$，对于所有负样本，$y = -1$。式（4.2）左边乘以 y，得到下式：

$$\begin{cases} y(\boldsymbol{W} \cdot \boldsymbol{X}_+ + b) \geqslant 1 \\ y(\boldsymbol{W} \cdot \boldsymbol{X}_- + b) \geqslant 1 \end{cases} \tag{4.3}$$

因此，对于正类或负类上的点，上述等式可表示为 $y\ (\boldsymbol{W} \cdot \boldsymbol{X} + b)\ -1 \geqslant 0$，对于间隔上的点，可表示为 $y\ (\boldsymbol{W} \cdot \boldsymbol{X} + b)\ -1 = 0$。此类等式对间隔上的数据

点进行了约束。重申先前的观点，我们的目标是找到将正样本与负样本分开的最大间隔。在图 4.3 中，$\boldsymbol{X}_{+}$ 和 $\boldsymbol{X}_{-}$ 分别为间隔中正样本和负样本向量。$\boldsymbol{X}_{+-}$ 为两个向量 $\boldsymbol{X}_{+}$ 和 $\boldsymbol{X}_{-}$ 的差。如果将单位法线向量正交于最佳超平面，则间隔宽度可由单位法线的点积以及差值 $\boldsymbol{X}_{+-}=\boldsymbol{X}_{+}-\boldsymbol{X}_{-}$ 确定，即

$$\text{间隔} = (\boldsymbol{X}_{+} - \boldsymbol{X}_{-}) \cdot \frac{\boldsymbol{W}}{\|\boldsymbol{W}\|} \tag{4.4}$$

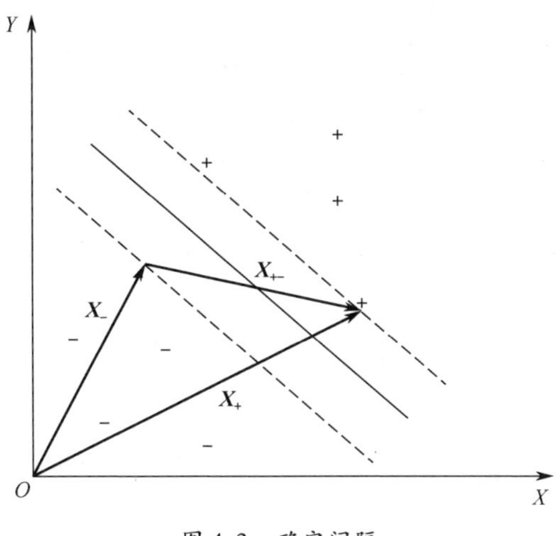

图 4.3　确定间隔

$\boldsymbol{X}$ 的标签 y 可以为 +1 或 −1，具体取决于 $\boldsymbol{X}$ 是正样本还是负样本。使用式（4.3），间隔可表示为

$$\text{间隔} = \frac{1-\boldsymbol{b}-(-1-\boldsymbol{b})}{\|\boldsymbol{W}\|} = \frac{2}{\|\boldsymbol{W}\|} \tag{4.5}$$

为确定最大间隔，我们找到最大值 $\frac{2}{\|\boldsymbol{W}\|}$ 或最大值 $\frac{1}{\|\boldsymbol{W}\|}$ 或最小值 $\|\boldsymbol{W}\|$ 或最小值 $\frac{1}{2}\|\boldsymbol{W}\|^2$。

4.4　拉格朗日乘数

我们利用拉格朗日乘数确定具有约束的函数极值。拉格朗日乘数将产生新的表达式，可独立于约束取最小值或最大值。函数（或局部极值）的所有局部最小值和最大值都出现在该函数的临界点，在该点的导数为零或未定义。极值是函数值达到最大值或最小值的任意点。要确定最大的间隔宽度，请考虑

$$L = \frac{1}{2}\|\boldsymbol{W}\|^2 - \sum \alpha_i[y_i(\boldsymbol{W}\cdot X_i + b) - 1] \tag{4.6}$$

式中：**W** 是与分离平面正交的向量；αi 是约束的乘数。现在我们需要找到该函数的极值，为此，需要找到导数并将其设置为零。取 L 关于 **W** 的偏导数，可得到

$$\frac{\partial L}{\partial W} = W - \sum \alpha_i y_i X_i = 0$$

$$\Rightarrow W = \sum_i \alpha_i y_i X_i \tag{4.7}$$

式中：**W** 称为决策向量，表示样本的线性和。就 b 求 L 的微分，可得到

$$\frac{\partial L}{\partial b} = -\sum \alpha_i y_i = 0$$

$$\Rightarrow \sum \alpha_i y_i = 0 \tag{4.8}$$

我们的下一项任务是找到表达式 $\frac{1}{2}\|\boldsymbol{W}\|^2$ 的最小值，这是一个二次优化问题。现在将 **W** 代入式（4.6），可得到

$$L = \frac{1}{2}(\sum \alpha_i y_i X_i)\cdot(\sum \alpha_j y_j X_j) - (\sum \alpha_i y_i X_i)\cdot (\sum \alpha_j y_j X_j) - \sum \alpha_i y_i b + \sum \alpha_i \tag{4.9}$$

现在简化该等式，并使用式（4.8）中给出的约束，可得到

$$L = \sum \alpha_i - \frac{1}{2}\sum_i\sum_j \alpha_i \alpha_j y_i y_j X_i\cdot X_j \qquad (\alpha_i \geqslant 0\ \forall_i \text{ 和 } \sum_i \alpha_i y_i = 0) \tag{4.10}$$

优化仅取决于一对样本 X_i 和 X_j 的点积。现在，根据式（4.1）获得以下形式的决策规则：

$$\sum \alpha_i y_i X_i \cdot \boldsymbol{u} + b \geqslant 0 \tag{4.11}$$

式中：$\boldsymbol{u}$ 是未知的样本向量。因此，我们得出结论，总依赖性仅取决于点积。决策规则还取决于未知样本向量的点积。但是，该决策规则不会分离不可线性分离的样本。在这种情况下，我们可能必须使用函数 $\phi()$ 将数据点转换到其他空间，在此类空间中，其更容易分离。如前所述，优化仅取决于向量点积。因此，可使用核函数 $k()$ 实现 $\phi()$。如果 $k()$ 为核函数，则

$$k(x_i, x_j) = \phi(x_i)\cdot\phi(x_j) \tag{4.12}$$

不必知道变换 $\phi()$；我们仅需知道在另一样本更可分离的空间中的样本向量的点积。在下一节中，我们将更多地了解核。

4.5 核方法

我们尝试将低维空间中的输入数据转换为更高维线性空间。如果使用线性超平面很难分离位于较低维空间中的正样本与负样本，则可尝试将其转换为较高维样本。令 $\boldsymbol{X}$ 为特征矩阵，每一行对应于数据集中各数据点的特征集。令 $\phi(\,)$ 为将特征集从低维空间映射到高维空间的函数。然后，我们在高维空间中计算内积。如果 $\phi(\,)$ 是将原始空间中的 x 映射到更高维的内积空间的任何函数，则我们将 SVM 应用于 $\phi(x)$ 而非 x。令 $k(\,)$ 为核函数，$\boldsymbol{K}=(k_{ij})$ 为对应的核矩阵，其中 $k_{ij}=k(x_i, x_j)$。在向量空间 $\boldsymbol{V}$ 上的内积可以是满足以下条件的点积。

（1）对称性：$(u, v)=(v, u)$，$\forall\ u, v\in V$。

（2）双线性：$(\alpha u+\beta v, w)=\alpha(u, w)+\beta(v, w)$，$\forall u, v, w\in V$，$\forall\alpha, \beta\in R$。

（3）严格的正定性：

$(u, u)\geqslant 0$，$\forall u\in V$；

$(u, u)=0 \Leftrightarrow u=0$。

因此，内积空间是指内积所定义的向量空间。核方法的主要特征如下。

（1）数据总是映射到欧几里得特征空间内。欧几里得空间满足经典的几何定律，如连接空间中任意两点的线都是直线。

（2）仅在实施算法时才考虑特征空间中向量的内积。

（3）核函数可用于计算向量点积，称为核技巧。

令 $k(\,)$ 为核函数，得到 $k(x_i, x_j)\ \varphi(x_i), \varphi(x_j)$，其中 x_i 和 x_j 为向量空间 $\boldsymbol{V}$ 的元素，而 $\varphi(\,)$ 是从向量空间 $\boldsymbol{V}$ 到希尔伯特空间 F 的映射。希尔伯特空间是一个内积空间，为此，内积定义的法线将其转换为一个完整的度量空间，即

$$\phi: x_i \in V \mapsto \phi(x_i) \in F \tag{4.13}$$

核矩阵的重要属性之一是其正半定性。在以下条件下，矩阵 $\boldsymbol{M}$ 为正半定。

（1）$\boldsymbol{M}$ 为对称的；

（2）$\boldsymbol{X}^{\mathrm{T}}\boldsymbol{M}\boldsymbol{X}\geqslant 0\ \ \forall\ \boldsymbol{X}\in V$。

令 $\boldsymbol{X}$ 为特征集，使得 $\boldsymbol{X}=\{x_1, x_2, \cdots, x_n\}$ 和 $k_{ij}=<\varphi(x_i), \varphi(x_j)>$，其中 k_{ij} 代表核矩阵 $\boldsymbol{K}$ 的第 ij 个元素，则

$$\boldsymbol{X}^{\mathrm{T}}\boldsymbol{K}\boldsymbol{X}=\sum_{i=1}^{n}\sum_{j=1}^{n}x_i x_j k_{ij}=\sum_{i=1}^{n}\sum_{j=1}^{n}x_i x_j\langle\phi(x_i), \phi(x_j)\rangle$$

$$= \langle \sum_{i=1}^{n} x_i \phi(x_i), \sum_{j=1}^{n} x_j \phi(x_j) \rangle = \left\| \sum_{i=1}^{n} x_j \phi(x_j) \right\|^2 \geqslant 0 \tag{4.14}$$

此外，矩阵 $\boldsymbol{K}$ 是对称的。因此，矩阵 $\boldsymbol{K}$ 为正半定。根据美世定理，如果核矩阵 $\boldsymbol{K}$ 为正半定，对于某些 $\phi()$ 而言，核函数 $k()$ 可写成 $k(x_i, x_j) = <\varphi(x_i), \phi(x_j)>$。

核在从特征空间中的非线性模式创建线性模式的过程中发挥着重要作用。下面讨论了不同类型的核。

(1) 线性核：$k(x_i, x_j) = \{x_i, x_j\}$。

令 $\phi(x_i) = x_i$，则 $k(x_i, x_j)$ 可写成 $k(x_i, x_j) = (x_i . x_j) = (\phi(x_i) \cdot \phi(x_j))$。

(2) 非齐次多项式核：$k(x_i, x_j) = (\langle x_i, x_j \rangle + r)^d$，其中 d 为正整数，$r \in R$为参数。

(3) 高斯径向基函数核（RBF 核）：$k(x_i, x_j) = \exp\left(-\frac{\|x_i - x_j\|^2}{2\sigma^2}\right)$，其中 σ 是任意参数。

所生成的决策边界类似于正负样本周围的轮廓圆。

(4) S 形核（双曲正切）：$k(x_i, x_j) = \tanh(\alpha \boldsymbol{x}_i^{\mathrm{T}} \boldsymbol{x}_j + C)$。

SVM 的 S 形核类似于两层感知器神经网络。其中，α 是斜率，C 是截距。与 RBF 核一样，如果使用不当（或配置不当），可能会出现过度拟合的问题。tanh 具有以下特性：其类似于 S 型函数 $S(x) = S(x) = \frac{1}{1 + \mathrm{e}^{-x}}$；可区分性地表示可在任意两个点找到 S 形曲线的斜率。其值在 0 到 1 之间。α 的常用值为 $\frac{1}{n}$，其中 n 为数据的维度。

(5) 图形核：$k(G, G') = \langle \phi(G), \phi(G') \rangle = \sum_{i=0}^{\infty} \lambda^i \phi^i(G) \phi^i(G')$。

其为核函数，用于计算图上的内积。其中 $G = (V, E)$ 和 $G' = (V', E')$ 表示任意两个简单的图，$0 < \lambda < 1$ 是权重因子，$\varphi^i(G)$ 表示 G 中长度为 i 的路径数。

(6) 字符串核。字符串核是一种对符号的有限序列进行操作的函数，此类序列不一定具有相同的长度。

(7) 树核：$k(T_1, T_2) = \Sigma_{n_1 \in N_{T_1}} \Sigma_{n_2 \in N_{T_2}} \Delta(n_1, n_2)$，其中 N_{T1} 和 N_{T2} 是两个集合，其元素分别是树 T_1 和 T_2 的节点。

树核计算在任何两个树 T_1 和 T_2 之间通用的子树数量。$\Delta(n_1, n_2)$ 计算公式如下：

$$\Delta(n_1,n_2) = \sum_{i=1}^{|F|} I_i(n_1) I_i(n_2) \tag{4.15}$$

$F = \{f_1, f_2, \cdots\}$ 是片段集，如果目标f_i植根于任何节点 n_i上，则定义指标函数 $I_i(n) = 1$；否则，$I_i = 0$。

（8）傅里叶核。傅里叶变换是分析时间序列数据的最常用方法之一。通常情况下，该数据在各时间点分布在事件的某些频率上。可使用正则化核函数计算两个时间序列的傅里叶展开：

$$k_F(x_i,x_j) = \frac{1 - q^2}{2(1 - 2q\cos(x_i - x_j)) + q^2} \tag{4.16}$$

其中 $0 < q < 1$ 和 $X \subset [0, 2\pi]^n$。例如，用于任何两个函数的卷积傅里叶变换等于这两个函数的傅里叶变换的乘积。

（9）B 样条曲线核：$k(x_i, x_j) = B_{2n+1}(x_i - x_j)$，其中 B_n是 B 样条曲线，$n \in N$ 样条曲线是由多项式定义的函数。核定义在间隔 $[-1, 1]$ 上。B 样条曲线是控制点 c_i 的线性组合。据称 B 样条对于插值非常有效，发现样条曲线核在回归问题中同样也表现出色，同时还可用于处理大量稀疏数据向量。可独立于控制点数量，设置任何 B 样条多项式的次数。B 样条曲线可允许局部控制样条曲面或曲线形状。

（10）余弦核：$k(\boldsymbol{x}_i,\boldsymbol{x}_j) = \dfrac{(\boldsymbol{x}_i,\boldsymbol{x}_j)}{\|\boldsymbol{x}_i\|\|\boldsymbol{x}_j\|}$。

余弦相似性计算任何两个向量的归一化点积。在上述情况下，$\boldsymbol{x}_i$和 $\boldsymbol{x}_j$是任意两个向量。该核主要用于查找表示为 tf-idf 向量的文本文档相似性。

（11）波核：$k(x_i,x_j) = \dfrac{\theta}{x_i - x_j}\sin\left(\dfrac{\|x_i - x_j\|}{\theta}\right)$。

4.6 使用支持向量机开展基于权限的 Android 恶意软件静态检测

在本节中，我们将阐述如何通过使用权限作为静态特征，利用 SVM 检测 Android 恶意软件。此处，我们将研究范围限于 Android 恶意软件，尽管下面所讨论的过程可用于检测其他平台（如 Windows）上发现的恶意软件或者病毒、特洛伊木马和勒索软件。采用 Python 编程语言编写的一组代码，在实例中提取各 Android APK 的特征。下一步是为各特征创建单独的 CSV 文件，然后将其用于训练 SVM 分类器。我们的目标是训练 SVM 分类器，从一组 Android APK

中识别恶意软件和善意软件。此处，我们在使用的样本中将交叉验证作为测试选项，这意味着一部分样本（指定）将用作训练数据，其余部分用作测试数据。

为提取权限，恶意和善意 APK 都将转换为 smali 文件。在执行过程中，单个目录中的各 APK 权限集将一个接一个地复制到文本文件中。用于将各 APK 转换为输出文件的代码如下。

```
from smalisca. core. smalisca_main import SmaliscaApp
from smalisca. modules. module_smali_parser import SmaliParser
importre
import os, sys
import subprocess
#Open a file
path = "F:\\Apps"
dirs = os. listdir( path)
root = "F:\\Apps"
#This would print all the files and directories
for file in dirs:
print( file)
os. chdir( "F:\\Apps" )
os. system( "java  - jar " + "C:\\apktool. jar" + " d " + root + "/" + file)
#This would copy all the permissions of files( both benign and malicious) in the directory #into a
text file
p = os. system( "C:\\aapt. exe d permissions
" + path + "/" + file + " > > permissions. txt" )
print( p)
```

通过使用称为 backsmali 的 smali 软件包中所包含的 . DEX 文件进行反编译以获取 Smali 文件。简言之，backsmali 是反汇编程序，而 DEX 文件是 Android APK 中包含的可执行文件。所采用的逆向工程工具为 apktool. jar。在使用 Android Studio 时，我们可查看和编辑清单文件以及所有资源。下面列出用于训练 SVM 分类器的所有权限及其对应的说明。

（1）ENHANCED_NOTIFICATION：允许应用程序接收有关新通知的信息。

（2）READ_SETTINGS：允许应用程序读取系统设置。

（3）READ_EXTENSION_DATA：允许应用程序请求 DashClock 扩展数据。

（4）READ_PROFILE：允许应用程序读取用户的个人资料数据。

（5）WRITE_BADGES：允许应用程序在其图标中添加标记。

（6） SYSTEM_ALERT_WINDOW：允许应用程序使用 TYPE_APPLICATION_OVERLAY 类型创建用于与用户进行系统级交互的窗口。

（7） PROCESS_OUTGOING_CALLS：允许应用程序查看拨出电话时正在拨打的号码，并可选择将呼叫重新定向到其他号码或中止通话。

（8） RESTART_PACKAGES：可通过删除警报、停止服务等措施中断其他应用程序。

（9） MAPS_RECEIVE：允许应用程序集成 Google Maps 中的地图。

（10） ACCESS_WIFI_STATE：允许应用程序访问有关 Wi－Fi 网络的信息。

（11） ALL_PRIVILEGED：允许应用程序拨打任何电话号码，包括紧急电话号码，而无须通过 Dialer 用户界面让用户确认。

（12） MODIFY_AUDIO_SETTINGS：允许应用程序修改全局音频设置。

（13） ACESS_LOCATION_EXTRA_COMMANDS：允许应用程序访问额外的位置提供程序命令。

（14） BILLING：允许应用程序通过 Google Play 直接向您收取服务费用。

（15） BROADCAST_BADGE：允许应用程序显示标记。

（16） WRITE_HISTORY_BOOKMARKS：允许应用程序编写用户的浏览历史和书签。

（17） ALLOW_ANY_CODEC_FOR_PLAYBACK：允许应用程序使用任何已安装的媒体解码器进行解码以进行回放。

（18） INSTALL_PACKAGES：允许应用程序安装软件包。

（19） PAYMENT：允许应用程序为用户使用应用程序所使用的任何服务或进行的任何购买合并支付机制。

（20） BIND_NOTIFICATION_LISTENER_SERVICE：根据通知侦听器服务的要求，确保仅系统绑定。通知侦听器服务是指在发布或删除新的通知或更改其排序时接收来自系统调用的服务。

（21） ACCESS_NOTIFICATION_POLICY：希望访问通知策略的应用程序标记权限。

（22） MIPUSH_RECEIVE：允许应用程序使用推送服务。

（23） SUBSCRIBED_FEEDS_WRITE：允许应用程序访问订阅的提要内容提供商。

（24） CLEAR_APP_CACHE：允许应用程序清除设备上所有已安装应用程序的缓存。

（25） RECORD_AUDIO：允许应用程序录制音频。

（26） GOOGLE_AUTH. WISE：允许应用程序使用设备上存储的帐户登录

Google Spreadsheets。

（27）PERSISTENT_ACTIVITY：允许应用程序持久开展活动。

（28）ADD_VOICEMAIL：允许应用程序向系统中添加语音邮件。

（29）READ_LOGS：允许应用程序读取底层系统日志文件。

（30）READ_HISTORY_BOOKMARKS：允许应用程序读取用户的浏览历史和书签。

（31）ACCESS_LOCATION：允许应用程序访问设备支持的位置服务。

（32）READ_VOICEMAIL：允许应用程序读取系统中的语音邮件。

（33）READ_DATA：允许应用程序读取文件的数据。

（34）BROADCAST_STICKY：允许应用程序广播即时意图。即时广播是Android开发人员在应用之间进行通信的工具。可在未通知用户的情况下提供此类广播。

（35）READ_PHONE_STATE：允许以只读形式访问电话状态，包括设备的电话号码、当前蜂窝网络信息、所有正在进行的呼叫状态以及在设备上注册的所有PhoneAccounts列表。

（36）LOCATION_HARDWARE：允许应用程序在硬件（例如：地理围栏API）中使用位置特征。地理围栏是使用全球定位系统（GPS）或射频识别（RFID）定义地理边界的软件程序中的特征。

（37）WRITE_CALENDAR：允许应用程序写入用户的日历数据。

（38）WRITE_EXTERNAL_STORAGE：允许应用程序写入外部存储。

（39）GET_TASKS：允许应用程序获取有关当前或最近正在运行任务的信息。

（40）SYNC_STATUS：允许应用程序检查SYNC的状态。

（41）SEND_DOWNLOAD_COMPLET ED_INTENTS：允许应用程序发送有关完成下载的通知。

（42）PER_ACCOUNT_TYPE：仅授予共享Android账户类型的Firefox版本签名级权限。

（43）MANAGE_DOCUMENTS：通常作为文件选择器的一部分，允许应用程序管理文件访问。

（44）DOWNLOAD_WITHOUT_NOTIFICATION：允许对下载进行排队，而不会在下载运行时显示通知。

（45）BROADCAST：允许应用程序广播某些内容。

（46）MOUNT_UNMOUNT_FILESYSTEMS：允许加载和卸载可移动存储的文件系统。

（47）WRITE_VOICEMAIL：允许应用程序修改和删除系统中现有的语音邮件。

（48）ACCESS：提供对指定内容的访问。

（49）READ_GSERVICES：允许应用程序读取 Google 服务地图。

（50）INTERACT_ACROSS_USERS_FULL：删除限制条件，可发送广播并允许其他类型的交互。

（51）WRITE_INTERNAL_STORAGE：允许应用程序访问目录并存储文件。

（52）WRITE_CALL_LOG：允许应用程序写入（但不读取）用户的通话记录数据。

（53）READ_CALENDAR：允许应用程序读取用户的日历数据。

（54）RECEIVE_BROADCAST：允许应用程序自行注册，以便在发生事件时，Android Runtime 将通知已注册事件。

（55）GET_ACCOUNTS：允许访问账户服务中的账户列表。

（56）WRITE_SETTINGS：允许应用程序读取或写入系统设置。

（57）AUTHENTICATE_ACCOUNTS：允许应用程序充当 AccountManager 的 AccountAuthenticator，就相关服务验证用户的身份。

（58）ACCESS_DOWNLOAD_MANAGER：允许应用程序充当 AccountManager 的 AccountAuthenticator。

（59）UA_DATA：应用程序的特定权限，用于传递不同的 API。

（60）DELETE_PACKAGES：允许应用程序删除软件包。

（61）ACTIVITY_RECOGNITION：允许应用程序从 Google 接收相关活动水平的定期更新。

（62）RECEIVE_SMS：允许应用程序接收 SMS 消息。

（63）EORDER_TASKS：允许应用程序更改特定的任务顺序。

（64）CAMERA：需要访问相机设备。

（65）STOP_APP_SWITCHES：防止用户切换到另一应用程序。

（66）FLASHLIGHT：允许使用闪光灯。

（67）RECEIVE：允许应用程序接收清单文件中指定的内容。

（68）GET_ACCOUNTS_PRIVILEGED：允许访问账户服务中的账户列表。

（69）UPDATE_COUNT：使应用程序能够向启动器提供计数器信息。

（70）AUTH_APP：允许另一应用程序成功请求此权限，该权限已授予具有匹配特征的应用程序。

（71）CHANGE_NETWORK_STATE：允许应用程序更改网络连接状态。

（72）GOOGLE_AUTH. WRITELY：允许应用程序采用该 Android 设备上存

储的账户登录 Google 文档。

（73）RECEIVE_ADM_MESSAGE：该权限可确保没有其他应用程序可截获您的 ADM 消息。

（74）SET_ALARM：允许应用程序广播意图为用户设置警报。

（75）CHANGE_CONFIGURATION：允许应用程序修改语言环境等当前配置。

（76）WAKE_CLOCK：允许应用程序保持屏幕的打开状态。

（77）DISABLE_KEYGUARD：允许应用程序在不安全的情况下禁用键盘锁。

（78）TRANSMIT_IR：允许使用设备的红外线发射器（如果有）。

（79）SEND_SMS：允许应用程序发送 SMS 消息。

（80）CHANGE_WIFI_MULTICAST_STATE：允许应用程序进入 Wi－Fi 组播模式。

（81）READ_SMS：允许应用程序读取 SMS 消息。

（82）WRITE_SECURE_SETTINGS：允许应用程序读取或写入安全系统设置。

（83）USE_CREDENTIALS：允许应用程序从 AccountManager 请求身份验证令牌。

（84）UNINSTALL_SHORTCUT：允许应用程序删除任何快捷方式。

（85）READ_CONTACTS：允许应用程序读取用户的联系人数据。

（86）VIBRATE：允许访问振动器。

（87）READ_CALL_LOG：允许应用程序读取用户的通话记录。

（88）WRITE_MEDIA_STORAGE：允许应用程序修改内部媒体存储内容。

（89）BODY_SENSORS：允许应用程序访问传感器中的数据，用户使用该传感器测量其身体状况，如脚步数、心律等。

（90）MANAGE_ACCOUNTS：允许应用程序管理 AccountManager 中的账户列表。

（91）INTERNAL_SYSTEM_WINDOW：允许应用程序打开供部分系统用户界面使用的窗口。

（92）CHECK_LICENSE：需要根据 Google 服务验证应用程序许可证的有效性。

（93）MMS_SEND_OUTBOX_MSG：将发件箱中的所有 MMS 发送到网络。

（94）ACCESS_NETWORK_STATE：允许应用程序访问有关网络的信息。

（95）ACCESS_COARSE_LOCATION：允许应用程序访问大概位置。

（96）SUBSCRIBED_FEEDS_READ：允许应用程序访问所订阅的提要内容提供商。

（97）CALL_PHONE：允许应用程序发起电话呼叫，而无须通过 Dialer 用户界面让用户确认呼叫。

（98）READ_SYNC_STATS：允许应用程序读取同步统计信息。

（99）BLUETOOTH_ADMIN：允许应用程序发现和配对蓝牙设备。

（100）WRITE_USER_DICTIONARY：允许对用户词典进行写访问。

（101）READ：允许应用程序读取指定的内容。

（102）READ_USER_DICTIONARY：允许应用程序读取用户词典。

（103）CUSTOM_BROADCAST：允许应用程序发送或接收预期广播。

（104）NFC：允许应用程序通过 NFC 执行 I/O 操作。

（105）USE_FINGERPRINT：允许应用程序使用指纹硬件。

（106）READ_OWNER_DATA：允许对保存在设备上的所有者数据进行读取访问。

（107）INSTALL_SHORTCUT：允许应用程序在 Launcher 中安装快捷方式。

（108）RECEIVE_WAP_PUSH：允许应用程序接收 WAP 推送消息。

（109）SET_ALARM：允许应用程序广播意图为用户设置警报。

（110）BLUETOOTH_PRIVILEGED：允许应用程序在没有用户交互的情况下配对蓝牙设备，并允许或禁止访问电话簿或消息。

（111）ACCESS_GPS：允许应用程序访问 GPS。

（112）INTERNET：允许应用程序打开网络套接字。

（113）MODIFY_PHONE_STATE：允许修改电话状态 - 开机、MMI 等。

（114）BROADCAST_SMS：允许应用程序广播 SMS 接收通知。

（115）EXPAND_STATUS_BAR：允许应用程序展开或折叠状态栏。

（116）WAKE_LOCK：允许使用 PowerManager WakeLocks 防止处理器休眠或屏幕变暗。

（117）CHANGE_WIFI_STATE：允许应用程序更改 Wi - Fi 连接状态。

（118）WRITE_CONTACTS：允许应用程序写入用户联系人数据。

（119）RECEIVE_BOOT_COMPLETED：允许应用程序接收在系统完成引导后广播的 ACTION_BOOT_COMPLETED。ACTION_BOOT_COMPLETED 可用于执行应用程序特定的初始化过程。

（120）WRITE_SMS：允许应用程序编写 SMS 消息。

（121）RECEIVE_MMS：允许应用程序监视传入的 MMS 消息。

（122）WRITE_SYNC_SETTINGS：允许应用程序编写同步设置。

(123) INTERACT_ACROSS_USERS：允许应用程序调用 API，使其可使用单例服务和以用户为目标的广播，在设备上的用户之间进行交互。

(124) SET_WALLPAPER_HINTS：允许应用程序设置墙纸提示。

(125) GET_PACKAGE_SIZE：允许应用程序找出任何软件包使用的空间。

(126) SET_WALLPAPER：允许应用程序设置墙纸。

(127) BIND_APPWIDGET：允许应用程序告知 AppWidget 服务可访问 AppWidget 数据的应用程序。

(128) RECEIVE_USER_PRESENT：一旦用户开始与设备进行交互（如解锁屏幕时），便发出该权限。

(129) READ_EXTERNAL_STORAGE：允许应用程序从外部存储读取。

(130) REQUEST_IGNORE_BATTERY_OPTIMIZATIONS：为使用 ACTION_REQUEST_IGNORE_BATTERY_OPTIMIZATIONS 应用程序所必须拥有的权限。需要 ACTION_REQUEST_IGNORE_BATTERY_OPTIMIZATIONS 权限才能要求用户允许应用程序忽略电池优化。

(131) GOOGLE_AUTH：允许应用程序查看设备中配置的 Google 账户用户名。

(132) ACCESS_FINE_LOCATION：允许应用程序访问精确位置。

(133) BATTERY_STATS：允许应用程序收集电池统计信息。

(134) READ_SYNC_SETTINGS：允许应用程序读取同步设置。

(135) BLUETOOTH：允许应用程序连接配对的蓝牙设备。

(136) PACKAGE_USAGE_STATS：允许应用程序收集组件使用情况统计信息。

(137) INSERT_BADGE：允许应用程序为通知分配标记。

4.6.1 实验结果和讨论

在创建 CSV 文件时将权限视为特征，其中 1 表示是否存在特征，否则为 0。此类文件作为 Weka 的输入，并且采用 LibSVM 分类器创建分类器。

现在，让我们看一下使用 SVM 分类器对恶意和善意样本集合进行分类后获得的输出图像。恶意样本和善意样本下载自 Android 恶意软件数据集、Kaggle、Drebin、Android Malshare 等资源库。数据和性能结果的详细信息列于表 4.1和表 4.2 中。

图 4.4 所示为恶意软件和善意软件的错误分类。用 × 表示正确分类的恶意软件和善意软件样本，用□表示错误分类的恶意软件和善意软件样本。图中的右下角□代表错误分类为恶意软件的善意软件。

表 4.1 测试数据和结果（一）

属性数（特征）	137
实例数	172
数据集中恶意软件样本数	72
数据集中善意软件样本数	100
正确分类的实例	169
错误分类的实例	3
卡伯统计	0.9642
平均绝对误差	0.0174
均方根误差	0.1321

表 4.2 执行结果（一）

TP 率	FP 率	精度	调用	*F* 度量	准确性
0.986	0.020	0.973	0.986	0.979	0.982

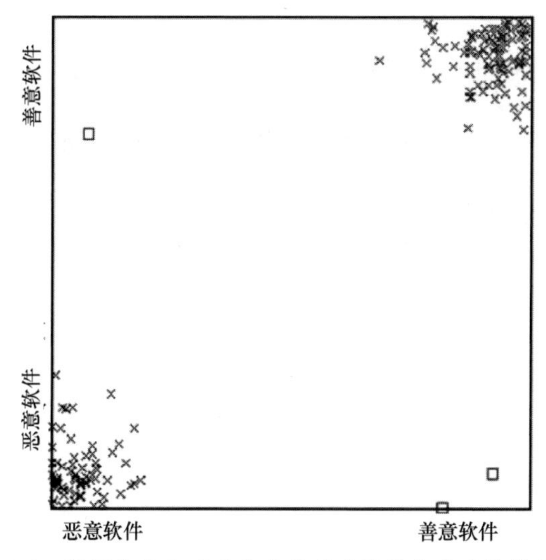

图 4.4 错误分类和正确分类的恶意软件和善意软件权限

在 ROC 曲线中可看到分类算法的性能。ROC 曲线中的点数取决于输入数据中唯一值的数量。由于我们是二进制分类问题，并且输入数据的特征为 1 和 0（1——如果存在特征，0——如果不存在特征），则可得到类似三角形的 ROC 曲线。ROC 曲线如图 4.5 所示。

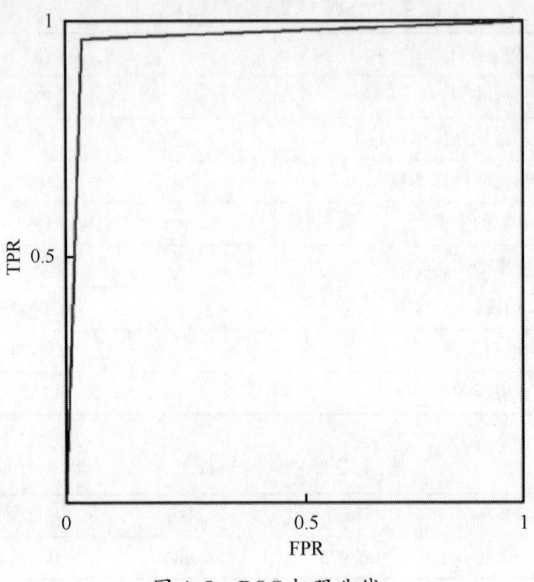

图 4.5　ROC 权限曲线

4.7　使用支持向量机开展基于 API 调用的静态 Android 恶意软件检测

在本节中，我们将说明如何使用支持向量机开展基于 API 调用的静态 Android 恶意软件检测。可静态和动态提取 API 调用。静态 API 调用是指在构建 APK 时，在代码中指定的调用，而动态 API 调用是指在执行过程中 APK 所使用的调用。以下为用于提取静态 API 调用的代码。

```
from smalisca. core. smalisca_main import SmaliscaApp
from smalisca. modules. module_smali_parser import SmaliParser
import re
import os, sys
import subprocess
app = SmaliscaApp( )
app. setup(
#Set log level
app. log. set_level( 'info' )
path = "F:\\ Malware"
```

```
dirs = os. listdir( path )
root = "F:\\ Malware"
i =0
location = 'F:/apps/Twitter_v5. 105. 0_apkpure'
#Specify file name suffix
suffix = 'smali'
#Create a new parser
parser = SmaliParser( location, suffix)
parser. run( )
results = parser. get_results( )
results1 = re. findall( r'to_ method \ ':\'(. * ?)\'\}',str( results) )
results2 = re. sub( '\ '',"",str( results1 )
c = [ 'startService','getDeviceId','createFromPdu','getClassLoader',
'getClass','getMethod','getDisplayOriginatingAddress',
'getInputStream','getOutputStream','killProcess',
'getLine1Number','getSimSerialNumber','getSubscriberId',
'getLastKnownLocation','isProviderEnabled' ]
b = [0,0,0,0,0,0,0,0,0,0,0,0,0,0,0,0]
print results
for C in c:
if re. search( r'' +C, str( results1 ) ):
b[ i] =1
print "Found"
i = i +1
print b
```

以下所述为采用的 API 调用及其说明。

（1） startService：请求开始特定的应用服务。

（2） getDeviceId：获取事件所来自的设备 ID。

（3） createFromPdu：从 PDU 创建 SMS 消息。协议数据单元是一种通过蜂窝网络发送信息的方法。

（4） getClassLoader：返回一个类加载器，以检索软件包中的类。类加载器是负责加载类的对象。ClassLoader 类是一个抽象类。给定类的二进制名称，类加载器应尝试查找或生成构成该类定义的数据。

（5） getClass：返回该对象的运行时类。

（6） getMethod：返回一个方法对象，该对象反映此类的特定公共成员方法或该类对象表示的接口。

（7）getDisplayOriginatingAddress：返回原始地址，如果该消息来自电子邮件网关，则返回来自该地址的电子邮件。

（8）getInputStream：返回从此打开连接读取的输入流。

（9）getOutputStream：返回写入此连接的输出流。

（10）killProcess：使用给定的 PID 终止进程。

（11）getLine1Number：返回第 1 行的电话号码字符串，如 GSM 电话的 MSISDN。移动用户集成服务数字网络是用于标识 GSM 移动网络用户的唯一号码。

（12）getSimSerialNumber：返回 SIM 卡的序列号。

（13）getSubscriberId：返回唯一的用户 ID，如 GSM 电话的国际移动用户身份（IMSI）。IMSI 用于标识蜂窝网络用户，并且是与所有蜂窝网络关联的唯一标识。

（14）getLastKnownLocation：返回指示从给定提供商获得的最新已知位置修复中数据的位置。

（15）isProviderEnabled：返回给定提供商的当前启用/禁用状态。

4.7.1 实验结果和讨论

使用所提取的 API 调用特征为 260 个不同的 Android 样本创建二进制后缀为 . csv 的文件，其中有 201 种恶意软件样本和 59 种善意软件应用程序。数据和性能结果的详细信息列于表 4.3 和表 4.4 中。

表 4.3 测试数据和结果（二）

属性数量（特征）	15
实例数量	260
数据集中恶意软件样本数	201
数据集中善意软件样本数	59
正确分类的实例	241
错误分类的实例	19
卡伯统计	0.7879
平均绝对误差	0.0731
均方根误差	0.2703

表 4.4 执行结果（二）

TP 率	FP 率	精度	调用	*F* 度量	准确性
0.960	0.186	0.946	0.960	0.953	0.927

图 4.6 所示为恶意软件和善意软件的分类错误。使用×表示正确分类的恶意软件和善意软件样本，用□表示错误分类的恶意软件样本。图中的右下角□表示被误分类为恶意软件的善意软件。ROC 曲线如图 4.7 所示。

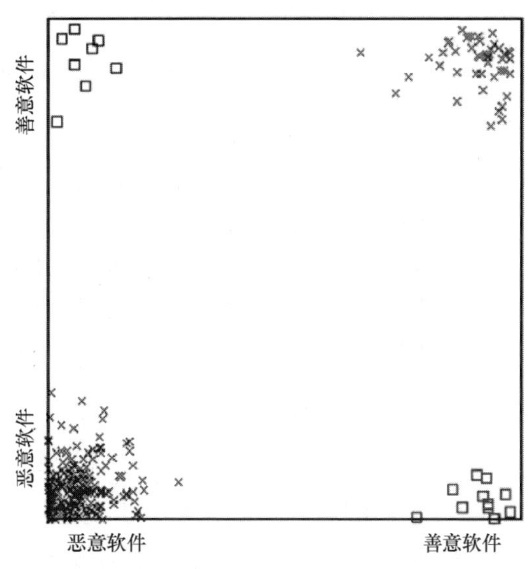

图 4.6 错误分类与正确分类的恶意软件和善意软件 API 调用

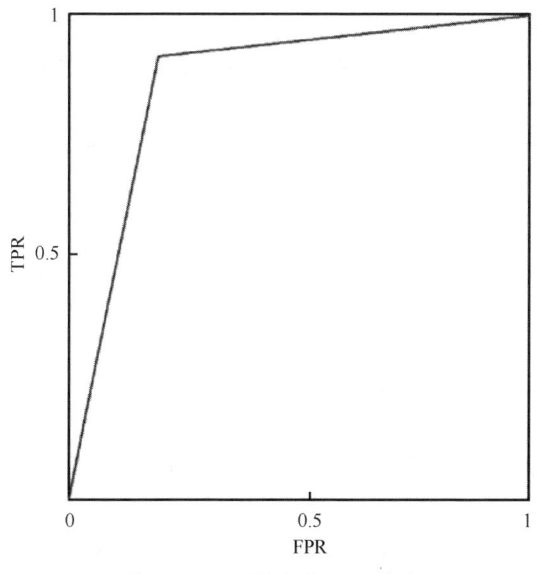

图 4.7 API 调用的 ROC 曲线

4.8　研究结论和方向

本章所述的实验旨在阐明如何使用 Weka 工具中的静态 Android 恶意软件特征训练基本的 SVM 分类器。在此处所讨论的情况下，具有较高准确性的分类器似乎可能会欺骗我们。分类器更有可能具有令人印象深刻的准确性度量，尤其是在特征向量维度较高的情况下。尽管此类实验证明 SVM 分类器非常准确，但权限和静态 API 调用并非检测恶意软件的最佳特征。这是因为恶意应用程序开发人员持续参与功能不断变化的变态和多态恶意软件以及模糊应用程序的制作过程。可轻易操作静态特征（如签名、权限等）欺骗机器学习分类器。因此，利用恶意软件应用程序的动态特征进行有效检测非常重要。此处讨论的概念可为进行动态分析而扩展。

4.8.1　最新技术

在 DDoS 攻击过程中，通过在网络上生成大量流量而导致计算机系统资源无法使用。即使在服务器端检测到此类攻击后，也无法消除网络拥塞。SVM 是一种有效的二进制分类技术，可用于在客户端早期检测 DDoS 攻击。可捕获网络数据包，并可提取相关特征（如标志、协议、端口、IP 地址等）训练模型，以便确定网络数据包是否正常或异常。

由于物联网设备数量的增加，针对物联网设备的攻击也出现上升趋势。其中，最具传染性的攻击是利用软件漏洞感染物联网设备的攻击。根据恶意软件所针对的漏洞类型，物联网恶意软件可分为 HTTP GET、Telnet 和 HTTP POST。安装在不同点的传感器可收集传入的流量、提取特征向量，并可用于训练分类器。在网关级而非设备级捕获流量，因为我们打算在设备受到威胁前检测网络异常。我们所要考虑的最重要特征是目标 IP 地址，以及各目标 IP 地址的最小、最大和平均数据包；在 15 ~ 20min 的时间内捕捉尽可能多的会话；提取必要的特征并训练二进制 SVM 模型。SVM 中的适当核方法可用于分类任务。

SVM 模型可用于提供额外的安全层，减少入侵检测系统中生成的误报。因此，SVM 可成功预测传入的流量是否为恶意。可使用半监督技术的一类 SVM 模型构建经过非恶意数据训练的分类模型（仅一种样本），以便我们可找到一个超平面，将原点与数据之间的距离最大化。使用带有无标记善意训练集的一类 SVM 模型也显示出更出色的准确性。仅从物理层和 MAC 层中提取特征，因为其不会对网络帧头进行加密。可使用 SVM 提取进行分类的最重要特征包括序列号（SEQ）、接收信号强度指示（RSSI）、网络分配向量（NAV）、值注入率以及两个连续帧之间的到达或增量时间。

第5章　聚类分析和恶意软件分类

5.1　简　　介

当前，人们与智能手机之间保持着紧密联系，网络犯罪分子可在用户不知情或未经授权的情况下安装恶意软件，从而更轻松地获取用户的个人数据。在用户数据和隐私始终受到威胁的情况下，有必要构建一个弹性系统以便遏制此类攻击。该系统应经过学习决策制定过程，以便尽早发现并防御恶意软件攻击。采用不同类型的机器学习机制训练系统，预测此类恶意软件攻击，聚类分析就是其中之一，本章将对其进行详细说明。本章各节将遵循以下结构。首先，我们看一下什么是聚类分析，然后再详细介绍现有的不同类型的聚类分析算法。理解各种算法的工作原理将有助于我们理解聚类分析算法之间的区别，以及如何将其用于行为类似于恶意软件和善意软件的聚类分析。我们还将给出各算法的数学详细信息，本书仅提供使用某些算法所开展的实验结果，并不旨在包含详尽的算法列表。

聚类分析是对一组模式进行分组的过程，其将数据集划分为相似模式的内聚组。在某种意义上而言，同一聚类中的模式是相似的，而不同聚类中的模式在某种意义上是不同的。与属于不同聚类的任意两个点之间的距离相比，属于同一聚类的两个点之间的距离较小，即聚类内距离小，而聚类间距离大。聚类分析可用于导致无监督分类的非标记模式，也可应用于导致有监督聚类分析的标记模式。无监督聚类分析是一种机器学习技术，可在一组未标记数据中找到结构或有意义的模式。

随着恶意软件应用程序数量的指数级增长，重要的是探索聚类分析是否适合于从善意软件应用程序中识别恶意软件应用程序。因此，应该对应用程序进行分析，将它们分为恶意软件或善意软件应用程序。聚类分析方法涉及基本的建模方法，如基于中心和分层的方法。聚类分析的基本类型如图5.1所示。

就聚类分析而言，我们专注于机器学习以便在解决问题时寻找相似性，而非在恶意软件-善意软件数据集中寻找模式。除了通过数百个标有“善意软件”或“恶意软件”的样本训练针对恶意程序检测的机器学习模型之外，我们还将讲授关于特征的模型，如权限、API 调用、CPU-RAM 使用、系统调用等。

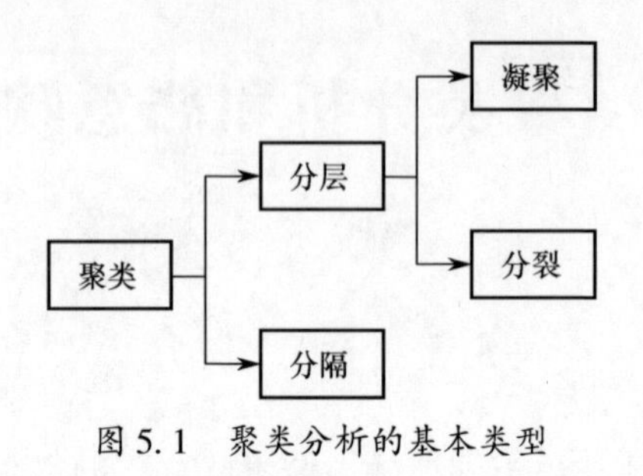

图 5.1　聚类分析的基本类型

5.2　聚类分析算法

聚类分析是用于图像处理、信息检索、数据挖掘等用途的主要工具。在本章中，我们将聚类分析用于恶意软件－善意软件的分类。聚类分析旨在根据数据点的特征将其分离为不重叠的组，需要从定义的数据集确定特定的模式。我们将审查聚类分析如何作用于输入数据集，该数据集包括恶意和善意应用程序。我们还将测量以下简要介绍的各种技术的聚类分析准确性。后面的内容将详细介绍各算法，主要包括以下 4 种类型的聚类分析算法。

（1）专属聚类分析。

（2）重叠聚类分析。

（3）分层聚类分析。

（4）概率聚类分析。

最常用的算法为 k-均值、模糊 c-均值、分层聚类分析和高斯混合。我们将在后面的部分中详细介绍各种算法。

顾名思义，专属聚类分析允许各数据对象仅存在于一个聚类中，而重叠聚类分析允许各数据对象存在于两个或多个聚类中。

分区聚类分析是指将整个数据集划分为 k 个不重叠的分区，从而使每个数据项仅属于一个聚类的一种聚类分析。分区聚类分析可确保聚类的一个项目更靠近其所属的聚类中心，而不是其附近的聚类中心。在这种情况下，目标函数用于聚类分析。k-均值、周围分区和 CLARA 是典型的分区聚类分析算法。

分层聚类分析以称为树状图的树状结构生成嵌套的聚类。根节点是完整的数据集，叶节点是单独的数据点，可通过在不同点截取树结构获得聚类。分层聚类分析包括两种类型：凝聚型和分裂型。凝聚聚类分析是指其中数据集元素在考虑到数据点与数据集中各其他点之间最短距离的前提下进行聚类的一种聚类分析。以最小距离隔开的对形成新的聚类，然后评估新形成的聚类与其他所有数据点之间的距离。该过程一直持续到距离矩阵减小为单例矩阵为止。在分裂式聚类分析中，在宏聚类中完成聚类分析，并且一直进行到各数据点成为单例聚类为止。平衡迭代还原和使用层次结构的聚类分析（BIRCH）以及使用代表的聚类分析（CURE）属于典型的分层聚类分析算法。其不要求预先确定"k"的值，而是使用近似性矩阵。

在k-均值聚类分析中，k 是聚类分析即将开始时在开头随机选择的数字。计算附近数据点之间的距离，然后将以最短距离分开的数据点放入单个聚类中。接下来，计算各数据点与聚类点之间的距离，从而更改形成的聚类。此外，k-均值聚类分析旨在最大限度减小聚类内的失真。

与利用中心概念创建聚类的k-均值聚类分析不同，基于密度的聚类分析将密集打包的数据点聚集在一起，而异常值则分配给不同的聚类。在k-均值聚类分析中，异常点显示出拉回聚类中心的趋势。由于异常值将分配给其他数据点所属的同一聚类，因此在异常检测期间会产生问题。基于密度的聚类分析将定义一个距离变量，该变量确定要合并为单个聚类的数据点边界限制。如果 P 为一个点，则将与 P 的距离为 ε 的 P 附近数据点组合为单个聚类。

考虑较大的多维空间，其数据点密集地存在于某些区域，而稀疏地存在于其他区域。在这种情况下，发现基于密度和基于网格的聚类分析可输出更好的结果。基于网格的聚类分析关注围绕数据点的值空间而非数据点本身。数据集的大小至少与大多数聚类分析算法的计算复杂度成线性比例关系。基于网格的聚类分析的最大优点之一是计算复杂度低，尤其是对于大型数据集的聚类分析。

基于约束的聚类分析是一种半监督机器学习技术，意味着训练集使用少量的标记数据和相对较大的未标记数据。某些受约束的聚类分析算法为COP k-均值、PC k-均值和CMW k-均值。

模糊c均值（FCM）是允许某数据属于两个或多个聚类的一种聚类分析方法。该方法常用于模式识别，它基于目标函数的最小化。

相似性和不相似性度量在数据聚类分析中发挥着重要作用。由于数据可以是数字或二进制或任何其他数据，因此待分类数据类型决定了所使用的相似性测量技术类型。在任何聚类分析中，重要的一步是选择距离度量，该距离度量将确定数据集中两个数据点的相似性。距离计算算法在聚类分析中起主要作用。距离计算的确切选择只能取决于将要聚类的数据类型，因此，学习数据集是聚类分析的第一步。在选择测距范例之前，我们必须研究数据集中的数据类型（在这种情况下是恶意软件和善意软件的组合），因此，聚类分析机器学习的首要步骤是详细了解数据集。在本节中，我们将学习如何理解输入数据以及计算数据点之间距离的不同方法。为各算法选择正确的距离度量值是所面临的最大挑战。

聚类分析算法采用多种距离函数。此类距离函数确定各算法的聚类分析效率。与属于同一聚类的数据点相比，属于不同聚类的数据点相距较远，而同一聚类中的数据点距离通常较近。

让我们考虑以下情形，以便理解在聚类分析中计算距离时对于距离度量的需求。二维平面中最常用的距离度量是欧几里得距离度量。但是随着维度的增加，我们可能不得不更改用于距离计算的方法。对于恶意软件－善意软件聚类分析，我们在实验中使用的数据集具有两个以上的特征。因此，它们是高维空间中的点。

5.3　特征提取

聚类分析的分类如图 5.2 所示。为演示及促进理解，使用不同的聚类分析技术开展恶意程序检测，从恶意软件和善意软件样本中提取了 CPU 和 RAM 使用特征。为此，在 Android 模拟器中安装了相关的 Android APK，并使用名为“usemon”的 APK 捕获了 CPU－RAM 的使用情况。“usemon”APK 记录了 Android 模拟器的 CPU 使用情况，分别在以下两种不同情况下监视内存的使用情况。

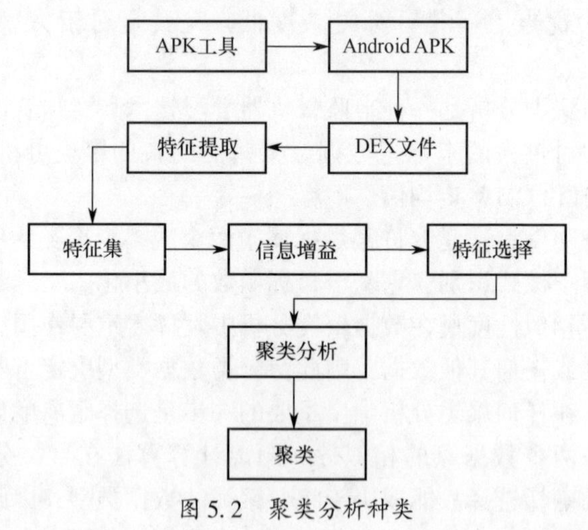

图 5.2　聚类分析种类

（1）安装恶意软件样本。

（2）卸载之前安装的恶意软件样本，并安装一组新的善意软件 APK。

以下步骤用于启动模拟器，安装 APK 并提取不同情况下的 Android 模拟器内存使用统计信息。

（1）选择具有以下规格的 Android 模拟器。

① 虚拟设备名称：AVD。

② 设备选择：2.7'' QVGA。

③ 类别：电话。

④ x86 图片：Lollipop。

⑤ 操作系统：Android 5.1。

⑥ 图形：Software-GLES 1.1。

⑦ 多核 CPU 2。

（2）使用以下命令启动模拟器：

C:\Users\C14\AppData\Local\Andrew\SDK\tools > emulator. exe-avd AVD-分区大小 300

（3）使用以下命令通过终端安装 APK：

C:\Users\C14\AppData\Local\Andrew\Sdk\platform-tools > adb install << PathT oT he AndroidAPK >>

（4）启动安装在模拟器中的 usemon APK。Usemon 具有一个显示 CPU-RAM 统计信息的界面。图 5.3 所示为 Android 模拟器中运行的 usemon。

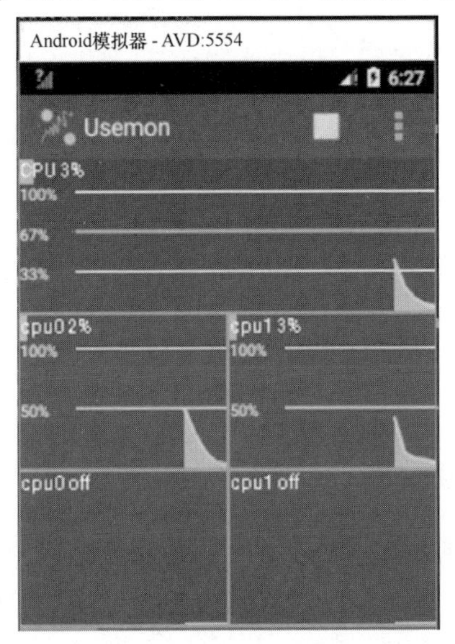

图 5.3　Android 模拟器

（5）为获得内存使用的度量，我们采用 SQLite。用于获取 usemon 日志的命令为

C:\Users\C14\AppData\Local\Android\Sdk\platform-tools > adb shell

root@ generic_x86_64 /# cd data

root@ generic_x86_64: /data # cd data

root@ generic_x86_64: /data/data # cd com. iattilagy. usemon

root@ generic_x86_64: /data/data/com. iattilagy. usemon # cd databases

root@ generic_x86_64: /data/data/com. iattilagy. usemon/databases # exit.

（6）使用以下命令将 usemon 日志提取为名为 usemon_log 的文件。

C:\Users\C14\AppData\Local\Android\Sdk\platform-tools > adb pull/data/data/com. iattilagy. usemon/databases/usemon_log. db usemon. db.

我们创建了带有必要特征“cpu_sum”和“ram_used”的. CSV 文件，并将其用于演示不同的聚类分析算法。

5.4 实施工具

我们将在随后的内容中介绍实验结果及其实施工具。由于实验结果仅用于演示和理解用途，因此从善意和恶意存储库中所收集的样本数量仅限为善意和恶意软件各 5 个。表 5.1 列出了 3 种聚类分析算法的性能结果摘要。在随后的部分中将进行详细介绍。

表 5.1 执行结果

算法	恶意软件类型	恶意软件数量	准确性/%	所提取特征
k-均值	SMS	5	63.88	CPU-RAM 使用
DBSCAN	SMS	5	63.88	CPU-RAM 使用
分层	SMS	5	63.88	CPU-RAM 使用

移动设备容易受到不同类型的威胁影响，并且此类威胁都在继续增长。SMS 攻击是所有移动用户面临的主要威胁。SMS 攻击通常是指在用户不知情或未经用户同意的情况下创建和分发恶意软件，进行未经授权的呼叫或发送未经授权的文本消息。用户将承担此类呼叫和文本的费用。

在一段时间内可观察到 5 个恶意软件样本和 5 个善意软件样本的 CPU 和 RAM 使用情况。在各种情况下，此类应用程序的 CPU 和 RAM 使用情况如图 5.4所示。在此图中，数据点基于相应标签采用颜色编码。红点表示恶意样本，绿点表示善意样本。

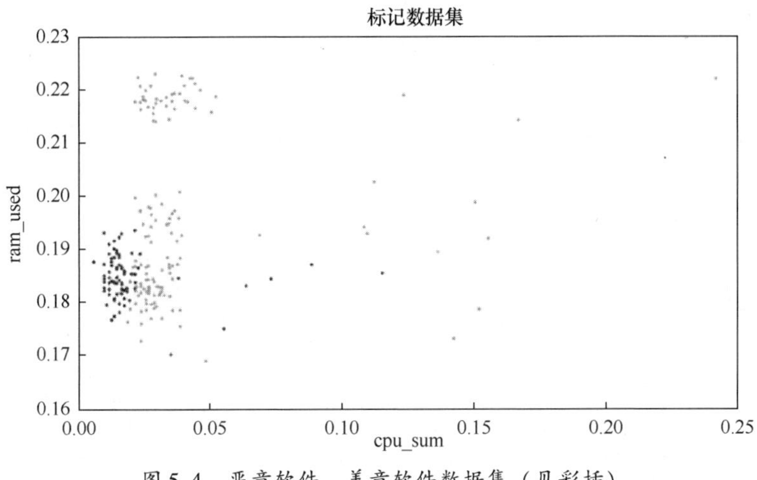

图 5.4　恶意软件－善意软件数据集（见彩插）

图 5.5 所示为图 5.4 中数据集的集合图，其中绿色正方形代表善意软件样本，红色圆圈代表恶意软件样本。为清楚地理解数据分布，图 5.4 中的 CPU 使用情况、RAM 使用情况和样本标签绘制在一起。我们可清楚地看到，某些样本已根据其 CPU 和 RAM 的使用情况很好地进行分离，而其他样本则似乎发生重叠。

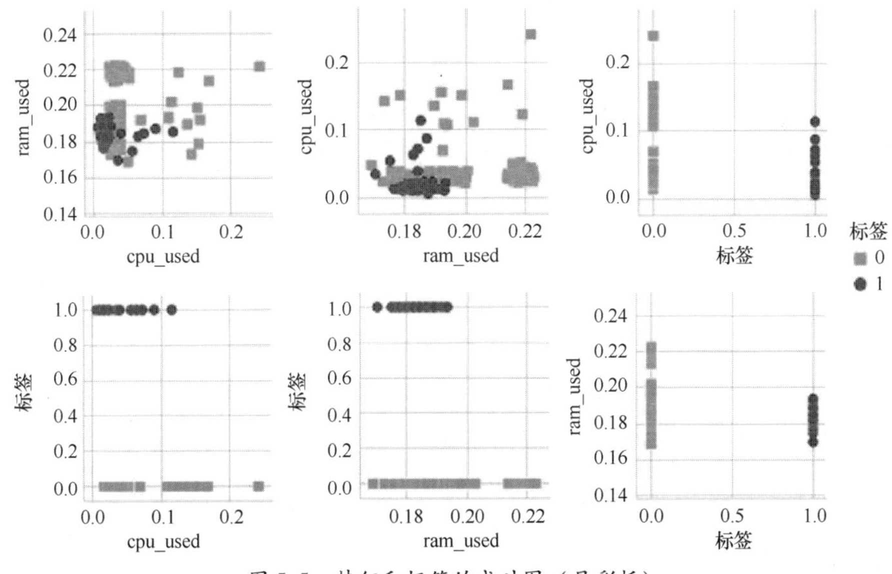

图 5.5　特征和标签的成对图（见彩插）

5.5 k-均值聚类分析

k-均值聚类分析算法是一种非常简便的算法，其将聚类的数据转换为 k 个聚类。首先，随机选择 k 的值，然后根据该值将更近的数据点分组为单个聚类。现在，为新形成的聚类计算中心，再计算数据点之间的距离，并对较近的数据点进行重新分组。该过程一直持续到已获得中心等于新形成聚类的中心为止。k-均值聚类分析采用目标函数：

$$J = \sum_{j=1}^{k} \sum_{i=1}^{n} \|x_i^j - C_j\|^2 \tag{5.1}$$

式中：x_i^j是第 j 个聚类中的第 i 个数据点；c_j是第 j 个聚类中的中心。目标函数也称为平方误差函数，它是 n 个数据点与其各自聚类中心距离的指标。

假设我们有 n 个样本特征向量 $x_1, x_2, \cdots, x_n$，我们知道其属于 k 个紧凑的聚类，其中 $k < n$。令 c_i 为第 i 个聚类中向量的均值。如果聚类能够妥当地分离，我们可使用最小距离分类器将其分离。如果$\|x - c_i\|$是所有聚类中的最小值，则可以说 x 在第 i 个聚类中。建议采用算法 5.1 确定 k-均值聚类分析。

算法 5.1　k-均值聚类分析算法

输入：各特征的 CSV 文件
输出：聚类样本
初始化：中心的初始值（均值）$c_1, c_2, \cdots, c_k$
1：重复
2：使用估计的均值（$c_1, c_2, \cdots, c_k$）将样本分类为聚类
3：对于 i←可选择 1 ~ k
4：将 c_i替换为聚类 i 的所有样本均值
5：结束 for 语句
6：直到中心的任何值都未发生变化

现在，我们将了解如何利用 k-均值聚类分析技术，通过将 CPU 使用情况和 RAM 使用情况用作动态特征，对行为样本进行相似的聚类。代码如下。

```
import numpy as np
import pandas as pd
from matplotlib import pyplot
from sklearn.cluster import KMeans
```

```
from sklearn import metrics
import sklearn
from sklearn. model_selection import train_test_split
from sklearn. preprocessing import StandardScaler
import seaborn
from sklearn. metrics import roc_curve, auc, roc_auc_score
pyplot. style. use( 'ggplot' )
seaborn. set( style = 'ticks' )
# Import the dataset
data = pd. read_csv( 'GM - cpu_ram - labeled. csv' )
print( data. shape)
data. head( )
# Define the features considered
f1 = data[ 'cpu_sum' ]. values
f2 = data[ 'ram_used' ]. values
f3 = data[ 'labels' ]. values
X = np. array( list( zip( f1 , f2) ) )
print( " \nThe centroids are :" )
scaler = StandardScaler( )
class_names = [ 1 ,0 ]
scaled_X = scaler. fit_transform( X)
cluster_range = range( 1 ,25 )
cluster_error = [ ]
for cr in cluster_range:
clusters = KMeans( cr)
clusters. fit( scaled_X)
cluster_error. append( clusters. inertia_)
clusters_df = pd. DataFrame( { "number_of_clusters" :cluster_range, "cluster_error" :cluster_error} )
print( clusters_df[ 0:25 ] )
fig = pyplot. gcf( )
fig. set_size_inches( 18. 5 ,  10. 5 )
pyplot. xlabel( 'number_of_clusters' ,  fontsize =22)
pyplot. ylabel( 'cluster_error' ,  fontsize =22)
pyplot. plot( clusters_df. number_of_clusters, clusters_df. cluster_error, marker = "X" )
pyplot. show( )
X_train, X_test, y_train, y_test = train_test_split( X, f3 , test_size =0. 33 , random_state =42)
kmeans = KMeans( n_clusters =2 ,  n_init =20)
kmeans. fit( X_train,  y_train)
pred_labels = kmeans. predict( X_test)
```

```
print( " Actual labels are " )
print( y_test)
print( " Predicted set of labels are" )
print( pred_labels)
centroid = kmeans. cluster_centers_
print( " The centroids are" )
print( centroid)
fpr, recall, thresholds = roc_curve( y_test, pred_labels)
roc_auc = auc( fpr, recall)
pyplot. figure( figsize = (15,6) )
pyplot. plot( fpr, recall, 'b', label = 'AUC = %0. 2f' % roc_auc, color = 'darkorange' )
pyplot. title( 'Receiver Operating Characteristic curve', fontsize = 21)
pyplot. legend( loc = 'lower right' )
pyplot. plot( [0, 1], [0, 1], color = 'navy', linestyle = '--' )
pyplot. xlim( [0. 0, 1. 0])
pyplot. ylim( [0. 0, 1. 0])
pyplot. ylabel( 'True Positive Rate', fontsize = 20)
pyplot. xlabel( 'False Positive Rate', fontsize = 20)
pyplot. show( )
print( " Area under the ROC curve is " )
print( roc_auc_score( y_test, pred_labels) )
seaborn. set_style( 'whitegrid' )
seaborn. pairplot( data, hue = 'labels', markers = [ "s", "o" ], palette = 'prism' )
pyplot. show( )
cnf_matrix = metrics. confusion_matrix( y_test, pred_labels)
print( cnf_matrix)
seaborn. heatmap( cnf_matrix. T, square = True, annot = True, fmt = 'd', cbar = False, xticklabels =
class_names, yticklabels = class_names, cmap = 'summer_r',
annot_kws = { "size" :20} )
fig. set_size_inches(2,2)
pyplot. xlabel( 'true_label', fontsize = 18)
pyplot. ylabel( 'predicted_label', fontsize = 18)
tn, fp, fn, tp = metrics. confusion_matrix( y_test, pred_labels). ravel( )
print( tn)
print( fp)
print( fn)
print( tp)
print( " Accuracy Score: %0. 06f" % metrics. accuracy_score( y_test, pred_labels) )
print( " Precision Score : %0. 06f" % sklearn. metrics. precision_score( y_test,
```

```
pred_labels, average = 'weighted',
sample_weight = None))print("Mean Absolute Error :
%0.06f" % sklearn.metrics.mean_absolute_error
(y_test,pred_labels,sample_weight = None,multioutput = 'raw_values'))
print("F - Score : %0.06f" % sklearn.metrics.f1_score(y_test, pred_labels,
pos_label = 1,average = 'weighted',sample_weight = None))
print("Homogeneity: %0.6f" % metrics.homogeneity_score(y_test, pred_labels))
print("Completeness: %0.3f" % metrics.completeness_score(y_test, pred_labels))
print("V - measure: %0.3f" % metrics.v_measure_score(y_test, pred_labels))
print("Jaccard Similarity score : %0.6f" % metrics.jaccard_similarity_score
(y_test, pred_labels, normalize = True, sample_weight = None))
print("Cohen's Kappa : %0.6f" % metrics.cohen_kappa_score(y_test, pred_labels,
labels = None, weights = None))
print("Hamming matrix : %0.06f" % metrics.hamming_loss(y_test, pred_labels,
labels = None, sample_weight = None, classes = None))
print(metrics.classification_report(y_test, pred_labels))
```

```
ax = data.plot(kind = 'scatter', x = 'cpu_sum', color = 'white', y = 'ram_used', alpha = 1,
fontsize = 18)
pyplot.xlabel('cpu_sum', fontsize = 18)
pyplot.ylabel('ram_used', fontsize = 18)
pyplot.title("Dataset with actual labels", fontsize = 18)
ax.set_ylim((0.16, 0.23))
ax.set_xlim((0, 0.25))
ax.set_facecolor("white")
fig = pyplot.gcf()
fig.set_size_inches(18.5, 10.5)
ax.grid(color = 'w', linestyle = '-', linewidth =0)
ax.scatter(f1, f2, c =f3, s =30, cmap = 'prism_r')
ax = data.plot(kind = 'scatter', x = 'cpu_sum', color = 'white', y = 'ram_used', alpha = 1,
fontsize = 18)
pyplot.xlabel('cpu_sum', fontsize = 18)
pyplot.ylabel('ram_used', fontsize = 18)
pyplot.title("Training set with Actual labels", fontsize = 18)
ax.set_ylim((0.16, 0.23))
ax.set_xlim((0, 0.25))
ax.set_facecolor("white")
fig = pyplot.gcf()
fig.set_size_inches(18.5, 10.5)
```

```
ax.grid(color = 'w', linestyle = '-', linewidth = 0)
ax.scatter(X_train[:,0], X_train[:,1],
c = y_train, s = 30, cmap = 'prism_r')
ax = data.plot(kind = 'scatter', x = 'cpu_sum', color = 'white', y = 'ram_used', alpha = 1,
fontsize = 18)
pyplot.xlabel('cpu_sum', fontsize = 18)
pyplot.ylabel('ram_used', fontsize = 18)
pyplot.title("Test set with Actual labels", fontsize = 18)
ax.set_ylim((0.17, 0.23))
ax.set_xlim((0, 0.25))
ax.set_facecolor("white")
fig = pyplot.gcf()
fig.set_size_inches(18.5, 10.5)
ax.grid(color = 'w', linestyle = '-', linewidth = 0)
ax.scatter(X_test[:,0], X_test[:,1],
c = y_test, s = 40, cmap = 'prism_r')
ax = data.plot(kind = 'scatter', x = 'cpu_sum', color = 'white', y = 'ram_used', alpha = 1,
fontsize = 18)
pyplot.xlabel('cpu_sum', fontsize = 18)
pyplot.ylabel('ram_used', fontsize = 18)
pyplot.title("Test set with Predicted labels", fontsize = 18)
ax.set_ylim((0.17, 0.23))
ax.set_xlim((0, 0.25))
ax.set_facecolor("white")
fig = pyplot.gcf()
fig.set_size_inches(18.5, 10.5)
ax.grid(color = 'w', linestyle = '-', linewidth = 0)
ax.scatter(X_test[:,0], X_test[:,1],
c = pred_labels, s = 30, cmap = 'prism_r')
```

代码“print (data. shape)”中的行产生输出（217，2）。这里的“2”是指所采用的特征数，即CPU使用情况和RAM使用情况，而“217”是指10个应用程序的CPU和RAM使用情况实例的总数。“plt. scatter”用于绘制数据点。为绘制不同颜色的散点，我们采用“cmap”。其接受inferno、magma、viridis、cool等值。

使用肘部法则确定k-均值聚类分析算法中的最佳k值。此处，我们绘制k值与其平方误差之和的曲线。平方误差的总和（聚类误差）是各聚类中变化的量度。其测量各观察到的聚类与其所属组的平均值之间的差异。在曲线图看起来像手臂的肘部法则中，选择最佳 k 值，其中可看到平方误差之和急剧下降。在 217 个数据点中，有 145 个数据点用于训练。表 5.2 所列为不同 k 值的聚类误差。

表 5.2　不同聚类大小的聚类误差

聚类误差	聚类数量
434.000000	1
228.243097	2
87.053358	3
66.918779	4
49.961182	5
40.220119	6
33.986886	7
27.744551	8
24.332209	9
21.221772	10
17.753111	11
15.832128	12
13.973376	13
12.298085	14
11.188095	15
10.195367	16
9.510805	17
8.771753	18
8.111558	19
7.633717	20
7.269531	21
6.989808	22
6.428701	23
6.170228	24

图5.6所示为对应于聚类误差的聚类数量图形表示。当聚类数量等于2、3、4和5时，误差率会突然降低，由此可得出 k 的潜在值将是其中某个最佳聚类分析的值。由于仅需将数据点分类为善意软件或恶意软件，因此将 k 的值固定为2。

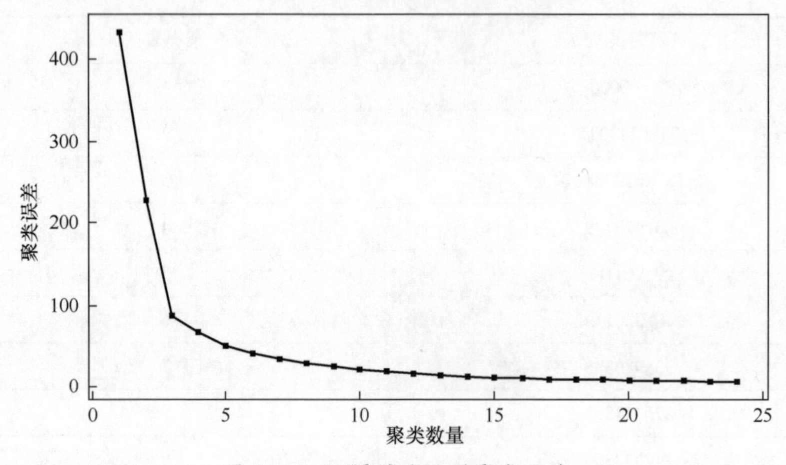

图5.6　不同聚类大小的聚类误差

在217个数据点中，有145个数据点用于训练，其余72个数据点用于测试。所得结果如下。

（1）形心为

(0.14157285, 0.19482979), (0.025885220.19022933)

（2）测试集实际标签为

[110100101010100110101100011001000100000001000001011001000000000001000100]

（3）测试集预计标签的对应集合为

[111111011011111111111111110111111111011011111111101111111111111101111111]

通过比较预计标签与实际标签，我们可以清楚地看到差异。其清楚地表明了分类错误。

（4）准确性评分：0.638889。

（5）精度评分：0.551954。

（6）平均绝对误差：0.361111。

（7）F 评分：0.567934。

（8）均匀度：0.000458。

(9) 完整性：0.001。

(10) V 量度：0.001。

(11) 雅卡尔相似性评分：0.638889。

(12) 科恩卡帕统计量：-0.018498。

(13) 汉明距离：0.36111。

表 5.3 所列为分类报告，其中 0 表示善意软件类，1 表示恶意软件类。支持是用于聚类分析的测试样本数量。聚类分析误差的增加导致 AUC 值降低。当我们删除分类器阈值时，在真阳性率和假阳性率之间存在权衡。当测试准确性提高时，ROC 曲线更靠近左上边界。图 5.7 所示为数据 k-均值聚类分析的 ROC 曲线图。ROC 曲线下的面积为 0.49。我们的分类器明显与对角线对齐，表明分类器效率和准确性非常低。证明对于使用 k-均值聚类分析算法的聚类分析恶意软件和善意软件而言，CPU-RAM 使用统计数据并非良好的特征。

表 5.3　k-均值聚类分析的分类结果

标签	精度	再呼叫	F_1 评分	支持
0	0.71	0.10	0.18	49
1	0.32	0.91	0.48	23
平均/总计	0.59	0.36	0.27	72

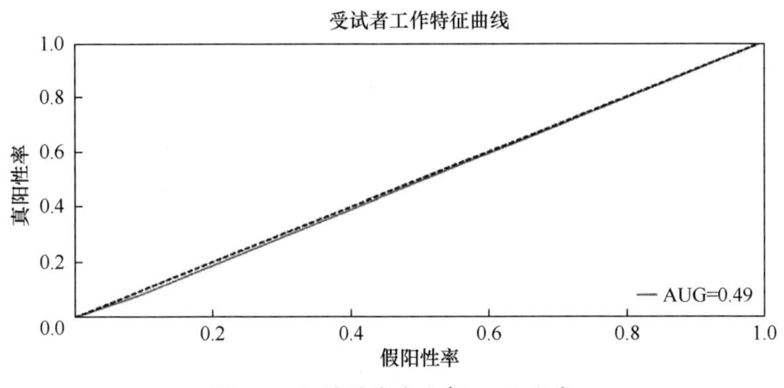

图 5.7　k-均值聚类分析 ROC 曲线

指示实际标签和预测标签之间相关性的混淆矩阵如图 5.8 所示。混淆矩阵是确定预测为真/假的标签数量和实际为真/假的标签数量的最佳方法之一。正类是指善意软件，而负类是指恶意软件。可从混淆矩阵中推断出以下信息：真阳性 =2，真阴性 =44，假阳性 =5，假阴性 =21。

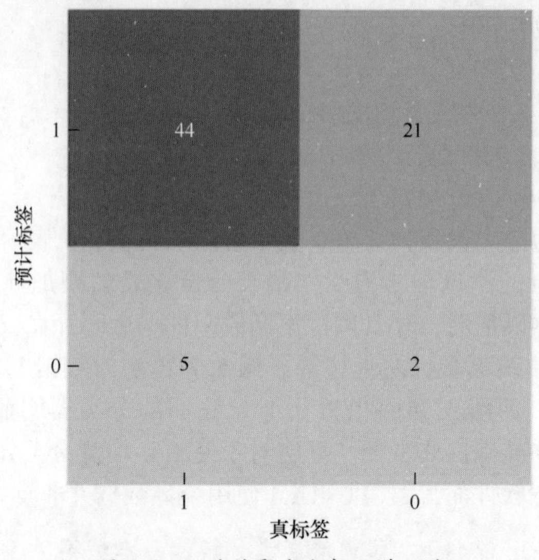

图 5.8 k-均值聚类分析混淆矩阵

图 5.9 所示为用于训练分类器的一组数据点。分类器将基于此学习预测测试数据标签。当分类器在训练阶段训练不当时，则在预测阶段可能出现数据分类错误。

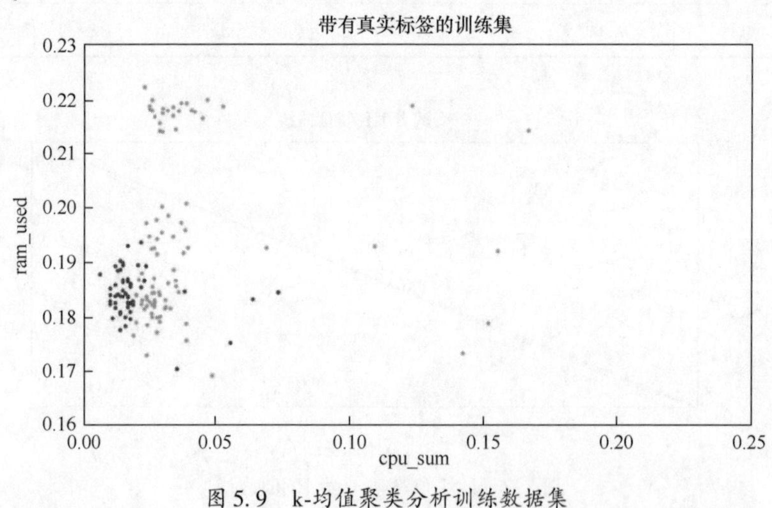

图 5.9 k-均值聚类分析训练数据集

图 5.10 所示为具有实际标签的测试数据。图 5.11 所示为具有预计标签的测试数据集。从图中可清楚地看出，在测试阶段，具有与善意软件相似特征的恶意软件样本被标记为善意软件。

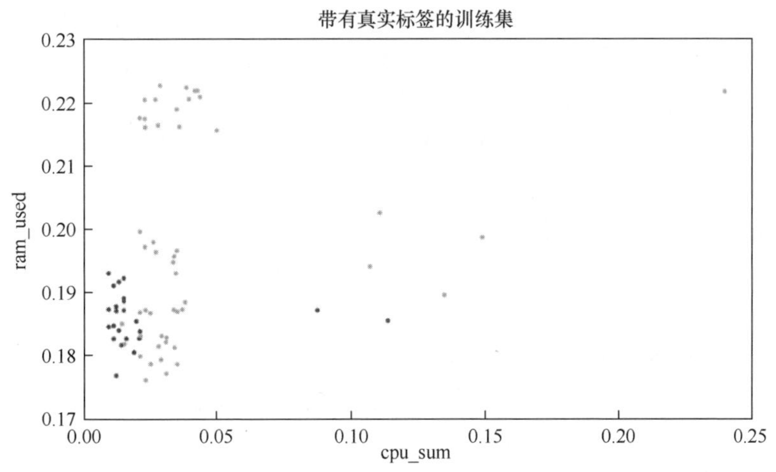

图 5.10　具有真实标签的测试数据集 k-均值聚类分析

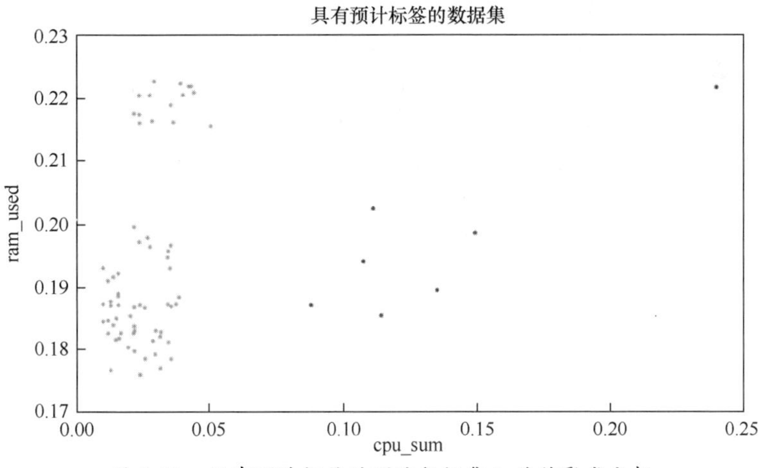

图 5.11　具有预计标签的测试数据集 k-均值聚类分析

5.6　模糊 c-均值聚类

这是一种各数据点可能属于多个聚类的聚类分析。为了解模糊 c-均值聚类如何在恶意软件 - 善意软件集合中以类似的方式排列样本，我们将研究其工作机制。以下为模糊 c-均值聚类的数学推导，并将讨论使用机器学习算法库在 Python 中实现的详细信息。

考虑具有善意软件和恶意软件应用程序的数据集。我们的目标是基于模糊 c-均值聚类对此类数据点进行分类。通过计算数据点和聚类形心之间的距离，为聚类的各数据点分配隶属度。距离越短，则其对该聚类的隶属程度越高。“隶属度”是指任何数据点属于特定聚类的程度。与更靠近聚类形心的数据点相比，位于聚类边界上的点将具有较少的隶属度。

考虑一个具有 4 个聚类和两个样本的数据集，这两个样本是不属于这 4 个聚类的异常值。常规的聚类分析算法搜索将迫使这两个点进入 4 个聚类之一，可能会导致最终解决方案失真。但是，模糊聚类分析将为属于各聚类的此类异常值分配大约 0.25 的概率。此类相当的隶属度概率表明这两点为异常值。令以下符号保持固定。

(1) N = 数据点总数。

(2) $X = \{x_1, x_2, \cdots, x_N\}$，各 x_i 的维数为 d 的数据点集。

(3) c = 聚类的总数。

(4) $V = \{v_1, v_2, \cdots, v_c\}$，对应于聚类的形心集合。

(5) m = 模糊指数，$m \in [1, \infty]$。

(6) μ_{ij} = 第 j 个聚类的数据点 x_i 的隶属度。

(7) $U = \{\mu_{ij}: 1 \leqslant i \leqslant N, 1 \leqslant j \leqslant c\}$。

d_{ij} = 数据点 x_i 与聚类形心 v_j 之间的欧几里得距离。

模糊 c-均质算法的目的是最小化：

$$J(U,V) = \sum_{i=1}^{N} \sum_{j=1}^{c} (\mu_{ij})^m \|x_i - v_j\|^2 \qquad (1 \leqslant m < \infty) \tag{5.2}$$

隶属度 μ_{ij} 由下式确定：

$$\mu_{ij} = \frac{1}{\sum_{k=1}^{c} \left(\frac{\|x_i - v_j\|}{\|x_i - v_k\|} \right)^{\left(\frac{2}{m-1}\right)}} \tag{5.3}$$

聚类中心 v_j 由下式确定：

$$v_j = \frac{\sum_{i=1}^{N} \mu_{ij}^m x_i}{\sum_{i=1}^{N} \mu_{ij}^m} \qquad (\forall j = 1,2,\cdots,C) \tag{5.4}$$

当 $\max_{i,j} |\mu_{ij}^{(k+1)} - \mu_{ij}^{(k)}| < \varepsilon$ 时，停止迭代，其中终止准则 ε 的值为 0 ~ 1，而 k 为迭代指数。算法 5.2 为模糊 c-均值聚类算法。

算法 5.2　模糊 c-均值聚类

输入：包含所有特征的 CSV 文件

输出：聚类样本

1：随机选择“c”个聚类
2：重复
3：使用估计的平均值将样本分类为聚类
4：计算模糊隶属度
5：然后计算模糊中心
6：直到目标函数最小化

模糊 c-均值聚类将数据集作为输入，并生成各数据点的最佳聚类形心和隶属度作为输出。各数据点可属于多个聚类。为实施模糊 c-均值聚类，我们将使用 numpy 和 peach 软件包，可随机选择隶属度的起始值。进行聚类分析的函数为

sk fuzzy. cmeans（data，c，m，error，maxiter，init = None，seed = None）

其中：data 是指将进行聚类的数据；c 是指聚类数量；m 是指应用于隶属函数的数组乘幂；error 可能是浮标型，并且为停止条件，maxiter 是允许的最大迭代次数，init 是指初始的模糊 c-分区矩阵，seed 设置了 init 的随机种子，主要用于测试目的。

cmeans( ) 函数返回以下内容：cntr 是聚类中心；$\boldsymbol{u}$ 是指最终模糊 c-分区矩阵；u_0是指在模糊 c 分区矩阵上的初始猜测，其可作为 init，也可是随机猜测；d 是指最后的欧几里得距离矩阵；jm 目标函数历史；p 是指迭代次数和模糊分区系数 fpc。

5.7 基于密度的聚类

基于密度的聚类旨在将更密集的样本分组为单一聚类。与不考虑数据点距离的情况下通过递归查找形心对数据点进行聚类的 k-均值聚类分析不同，基于密度的聚类分析则计算距离量度 ε，并且仅对距离处于 ε 之内的数据点进行聚类。以 p 为中心的聚类通过下式表示：

$$N_{\varepsilon}(p) = \{q \mid d(p,q) \leqslant \varepsilon\} \tag{5.5}$$

令 p 和 q 为两个数据点。图 5.12 所示为一组 4 个数据点，其中我们考虑了两个点 p 和 q，并在其周围考虑 ε 邻域。以 p 和 q 为中心，以半径 ε 绘制的两个圆，表明可将属于该边界内的点分组为一个聚类。即落在 ε 边界内的对象具有高密度并且落入相同聚类中。点 q 的密度是指点 q 半径 ε 附近所包含的数据点分数。ε 的值越小，邻域就越小。我们的目标是确定包含大多数数据点的高密度邻域。

主要有 3 种不同类型的基于密度的聚类算法：DBSCAN 聚类、用于识别聚类分析结构的排序点（OPTICS）和基于密度的聚类（DENCLUE）。在以下各节中，我们将研究 DBSCAN 算法的详细信息。

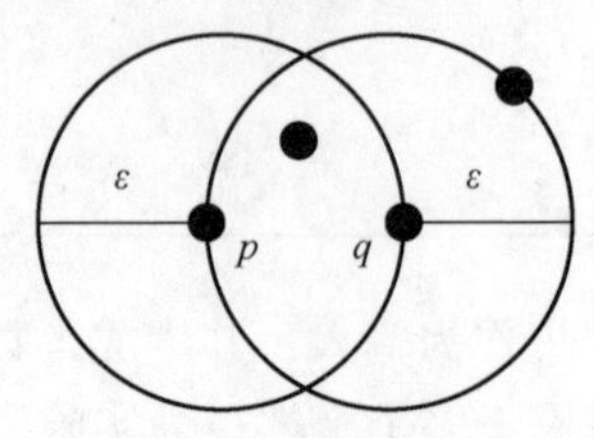

图 5.12　聚类分析 p 和 q

5.7.1　DBSCAN 聚类

DBSCAN 是最流行的基于密度的聚类分析算法之一。与要求聚类数量作为参数的 k-均值算法不同，DBSCAN 根据输入数据集推断聚类数量，并可发现任意数量的聚类。

如前所述，DBSCAN 通过以下两个重要参数，使用 ε 邻域近似局部密度。

(1) ε 为任何数据点 q 附近的邻域半径。

(2) minPts 为邻域中定义聚类所需的最小数据点数。

DBSCAN 算法将样本空间中的数据点标识为 3 种不同类型。

(1) 核心点。如果 q 的 ε 邻域至少包含 minPts，则数据点 q 为核心点。

(2) 边界点。如果 p 邻域包含少于 minPts 个数据点，但是从某个核心点 q 可到达 p，则数据点 p 为边界点。

(3) 异常点。如果数据点既不是核心点也不是边界点，则数据点 o 是离群值。

仅当 p 位于 q 的 ε 邻域中，而 q 是核心对象时，才能说数据点 p 可从点 q 直接达到密度。如果数据点 p 位于 q 的 ε 邻域中，并且 q 在 r 的 ε 邻域中，而 r 在 s 的 ε 邻域中，则称 p 可从 s 间接达到密度。

令 dp 为数据集 D 中的任何数据点。DBSCAN 算法需要指定两个参数：ε 和最小样本。ε 邻域表示从各数据点出发的 ε 半径内的对象被视为确定数据点是核心点、非核心点还是异常点。最小样本数规定了任何数据点在其 ε 邻域中应作为核心点的最小样本数。算法 5.3 中介绍了 DBSCAN 算法。DBSCAN 算法的代码如下所述。

算法 5.3　DBSCAN 聚类分析

输入：各特征的 CSV 文件
输出：聚类样本
1：对于数据集中的各数据点 dp，确定其 ε 邻域 k 的数量
2：如果 k > 最小样本数，则
3：k 对应的数据点为核心点；因此，收集从该数据点可到达的所有对象密度并将其分配给新的聚类
4：否则，如果 k 对应的数据点为某个其他核心点的 ε 邻域，则
5：如果数据点是聚类的 ε 邻域，则将其（也称为非核心点）分配给附近的聚类
6：其他
7：数据点为异常点
8：结束如果语句

```
import pandas as pd
import sklearn
from sklearn. cluster import DBSCAN
import numpy as np
from matplotlib import pyplot as plt
from sklearn import metrics
from matplotlib import pyplot
from sklearn. metrics. cluster import homogeneity_score
from sklearn. model_selection import train_test_split
from sklearn. metrics import roc_curve, auc, roc_auc_score
import seaborn
pyplot. style. use('ggplot')
seaborn. set(style = 'ticks')
data = pd. read_csv('GM - cpu_ram - labeled. csv')
data = data[["cpu_sum", "ram_used", "labels"]]
f1 = data['cpu_sum']. values
f2 = data['ram_used']. values
f3 = data['labels']. values
class_names = [1,0]
X = np. array(list(zip(f1, f2)))
X_train, X_test, y_train, y_test = train_test_split(X, f3,
test_size =0. 33, random_state =42)
dbsc = DBSCAN(eps =0. 04, metric = 'euclidean',
min_samples =4). fit(X_train,y_train)
pred_labels = dbsc. fit_predict(X_test)
core_samples = np. zeros_like(pred_labels, dtype = bool)
```

```
core_samples[ dbsc. core_sample_indices_] = True
print( " Predicted set of labels are : " )
print( pred_labels)
print( " Actual set of labels are : " )
print( y_test)
fpr, recall, thresholds = roc_curve( y_test,pred_labels)
roc_auc = auc( fpr, recall)
pyplot. figure( figsize = (15,6) )
pyplot. plot( fpr, recall,'b', label = 'AUC = %0. 2f' % roc_auc, color = 'darkorange')
pyplot. title( 'Receiver Operating Characteristic curve', fontsize = 20)
pyplot. legend( loc = 'lower right')
pyplot. plot( [0, 1], [0, 1], color = 'navy', linestyle = ' - - ')
pyplot. xlim( [0. 0, 1. 0])
pyplot. ylim( [0. 0, 1. 0])
pyplot. ylabel( 'True Positive Rate', fontsize = 20)
pyplot. xlabel( 'False Positive Rate', fontsize = 20)
pyplot. show( )
print( " Area under the ROC curve is " )
print( roc_auc_score( y_test, pred_labels) )
fig = pyplot. gcf( )
cnf_matrix = metrics. confusion_matrix( y_test, pred_labels)
print( cnf_matrix)
seaborn. heatmap( cnf_matrix. T, square = True, annot = True, fmt = 'd',
cbar = False, xticklabels = class_names, yticklabels = class_names,
cmap = 'summer_r',annot_kws = { " size" :20} )
fig. set_size_inches(2,2)
pyplot. xlabel( 'true_label', fontsize = 20)
pyplot. ylabel( 'predicted_label', fontsize = 20)
na = np. array( data). astype( " float" )
n_clusters_ = len( set( pred_labels) ) (1 if -1 in pred_labels else 0)
print( " Ignoring noise (if any) the total number of clusters = %d"
% n_clusters_)
print( " Homogeneity: %0. 6f" % homogeneity_score( y_test, pred_labels) )
print( " Completeness: %0. 3f" % metrics. completeness_score( y_test, pred_labels) )
print( " V - measure: %0. 3f" % metrics. v_measure_score( y_test, pred_labels) )
print( " Jaccard Similarity score : %0. 6f" %metrics. jaccard_similarity_score
( y_test, pred_labels, normalize = True, sample_weight = None) )
print( " Cohen's Kappa : %0. 6f" % metrics. cohen_kappa_score( y_test, pred_labels,
labels = None, weights = None) )
```

```
print( " Hamming matrix : %0. 06f" % metrics. hamming_loss( y_test, pred_labels,
labels = None, sample_weight = None, classes = None) )
print( " Accuracy Score : %0. 06f" % sklearn. metrics. accuracy_score( y_test, pred_labels,normal-
ize = True,sample_weight = None) )
print( " Precision Score : %0. 06f" % sklearn. metrics. precision_score( y_test, pred_labels,labels
= None,pos_label = 1, average = 'weighted', sample_weight = None) )
print( " Mean Absolute Error : %0. 06f" % sklearn. metrics. mean_absolute_error
( y_test, pred_labels, sample_weight = None, multioutput = 'raw_values') )
print( " F - Score : %0. 06f" % sklearn. metrics. f1_score( y_test, pred_labels,
labels = None, pos_label = 1, average = 'weighted', sample_weight = None) )
print( metrics. classification_report( y_test, pred_labels) )
ax = data. plot( kind = 'scatter', x = 'cpu_sum', color = 'white', y = 'ram_used', alpha = 1,
fontsize = 18)
pyplot. xlabel( 'cpu_sum', fontsize =20)
pyplot. ylabel( 'ram_used', fontsize =20)
pyplot. title( " Labeled dataset" , fontsize =20)
ax. set_ylim( (0. 16, 0. 23) )
ax. set_xlim( (0, 0. 25) )
ax. set_facecolor( " white" )
fig = pyplot. gcf( )
fig. set_size_inches( 18. 5, 10. 5)
#ax. grid( color = 'w', linestyle = ' - ', linewidth =0)
ax. scatter( f1, f2, c = f3, s = 18, cmap = 'prism_r')
plt. xlabel( 'cpu_sum')
plt. ylabel( 'ram_used')
limit = len( X_test)
ax = data. plot( kind = 'scatter', x = 'cpu_sum', color = 'white', y = 'ram_used', alpha = 1,
fontsize = 20)
pyplot. xlabel( 'cpu_sum', fontsize = 20)
pyplot. ylabel( 'ram_used', fontsize = 20)
pyplot. title( " Test dataset with actual labels" , fontsize = 20)
```

```
ax. set_ylim( (0. 16, 0. 23) )
ax. set_xlim( (0, 0. 25) )
ax. set_facecolor( " white" )
fig = pyplot. gcf( )
fig. set_size_inches( 18. 5, 10. 5)
#ax. grid( color = 'w', linestyle = ' - ', linewidth =0)
fori in range(0,limit):
```

```
if(y_test[i] = =0):
ax.scatter(na[i][0], na[i][1], c='red', s=20)
elif(y_test[i] = =1):
ax.scatter(na[i][0], na[i][1], c='green', s=20)
elif(y_test[i] = = -1):
ax.scatter(na[i][0], na[i][1], c='black', s=20)
elif(y_test[i] = =2):
ax.scatter(na[i][0], na[i][1], c='yellow', s=20)
plt.xlabel('cpu_sum')
plt.ylabel('ram_used')
limit=len(X_test)
ax=data.plot(kind='scatter', x='cpu_sum', color='white', y='ram_used', alpha=1,
fontsize=20)
pyplot.xlabel('cpu_sum', fontsize=20)
pyplot.ylabel('ram_used', fontsize=20)
pyplot.title("Test dataset with predicted labels", fontsize=20)
ax.set_ylim((0.16, 0.23))
ax.set_xlim((0, 0.25))
ax.set_facecolor("white")
fig=pyplot.gcf()
fig.set_size_inches(18.5, 10.5)
#ax.grid(color='w', linestyle='-', linewidth=0)
fori in range(0,limit):
if(pred_labels[i] = =0):
ax.scatter(na[i][0], na[i][1], c='red', s=17)
elif(pred_labels[i] = =1):
ax.scatter(na[i][0], na[i][1], c='green', s=30)
elif(pred_labels[i] = = -1):
ax.scatter(na[i][0], na[i][1], c='black', s=50)
elif(pred_labels[i] = =2):
ax.scatter(na[i][0], na[i][1], c='yellow', s=17)
```

使用 DBSCAN，我们获得的标签为［-1，0，1，2，…］在这种情况下，-1 表示异常值，0 表示善意软件，而 1 表示恶意软件。但在某些情况下，分类器可能会使用两个以上的标签。因此［-1，0，1，2，…］只是标签的指示。聚类分析产生的类数取决于 eps(ε) 值以及在聚类分析中将包括的最小样本数（minPts）。我们可通过找到 eps 的最佳值对算法进行修改。

在 217 个数据点中，有 145 个数据点用于训练，其余 72 个数据点用于测试。所得结果如下。

(1) 测试集的真实标签为

[11010010101010011010110001100100010000000100000101100100000000000 1000100]

(2) 测试集预计标签的对应集合为

[000000010010000000000000000100000000010010000000001000000000000000 -10000000]

(3) 准确性评分：0.638889。

(4) 精度评分：0.567165。

(5) 平均绝对误差：0.361111。

(6) *F* 评分：0.569402。

(7) 均匀度：0.008635。

(8) 完整性：0.015。

(9) V 量度：0.011。

(10) 雅卡尔相似性评分：0.638889。

(11) 科恩卡帕统计量：-0.005911。

(12) 汉明矩阵：0.36111。

表 5.4 所列为分类报告。标签 0 表示善意软件类，标签 1 表示恶意软件类。支持是用于聚类分析的测试样本数量。

表 5.4 DBSCAN 聚类分析的分类结果

标签	精度	再呼叫	F_1 评分	支持
-1	0.00	0.00	0.00	0
0	0.68	0.90	0.77	49
1	0.33	0.09	0.14 8	23
平均/总计	0.57	0.64	0.57	72

如前所述，聚类分析误差的增加导致 AUC 值减小。真阳性率和假阳性率之间需要权衡。

当我们删除分类器阈值时，图 5.13 所示为 DBSCAN 聚类分析的 ROC 曲线图。ROC 曲线下的面积为 0.51。

指示真实标签和预期标签之间相关性的混淆矩阵如图 5.14 所示。可从混淆矩阵中推断以下信息：真阳性 =2，真阴性 =44，假阳性 =4 和假阴性 =21。混淆矩阵为确定预测为真/假的标签数量和实际为真/假的标签数量的最佳方法之一。

具有真实标签的测试数据集如图 5.15 所示，具有预计标签的测试数据集如图 5.16 所示。黑色数据点表示异常点。

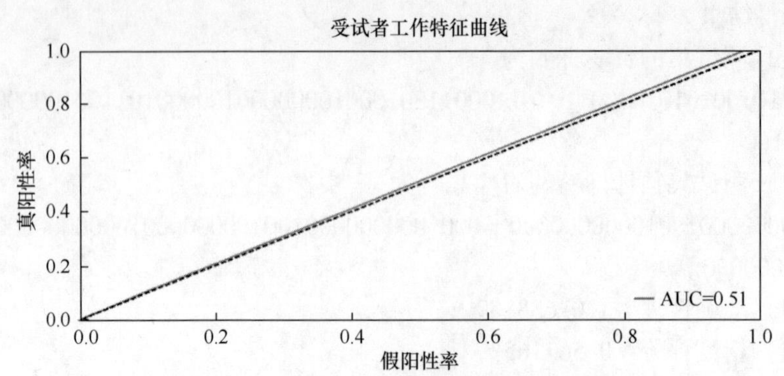

图 5.13 DBSCAN 聚类分析的 ROC 曲线

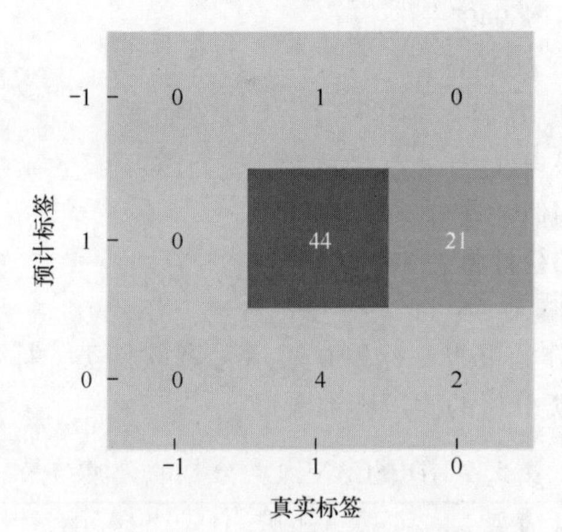

图 5.14 DBSCAN 聚类分析的混淆矩阵

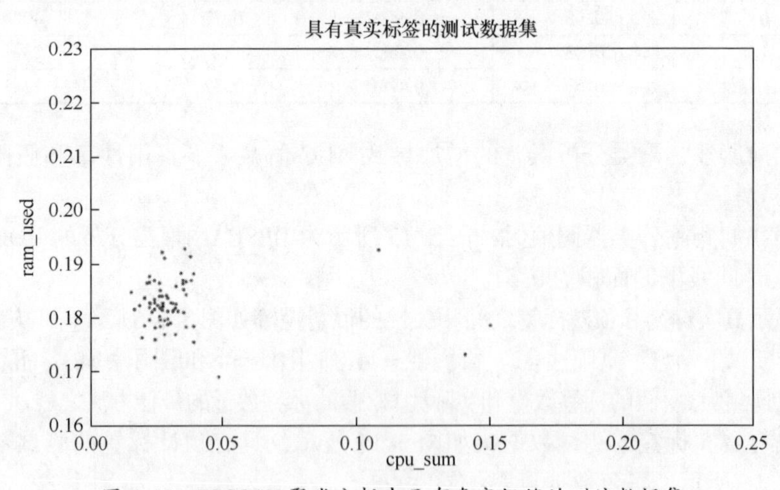

图 5.15 DBSCAN 聚类分析中具有真实标签的测试数据集

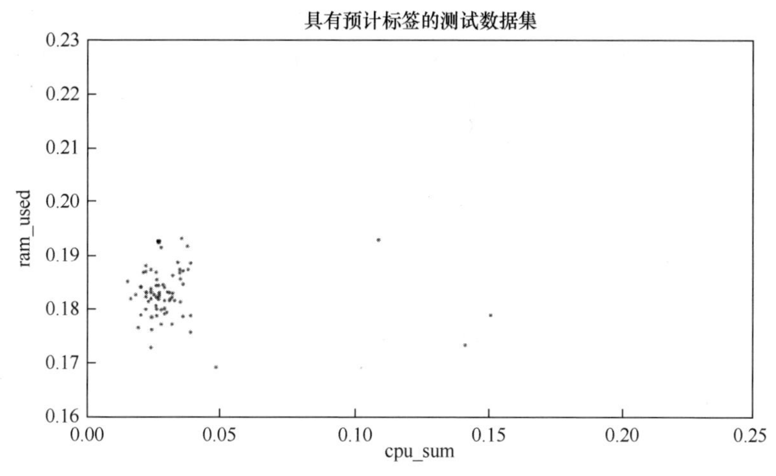

图 5.16　DBSCAN 聚类分析中具有预计标签的测试数据集

5.8　分层聚类分析

分层聚类分析包括构建一个表示数据集的聚类树。其具有树状结构，其父节点链接到两个或多个子节点，子节点进一步拆分。从下到上或从上到下排序。如本章开头所述，聚类分析包括两种不同的类型，即分裂型和凝聚型。

在分裂型聚类分析中，整个数据集分配给一个聚类，然后划分为两个最不相似的聚类。最后，访问各聚类，直到将各数据点分配至一个聚类。在凝聚聚类分析中，数据集中的各元素都分配给一个单独的聚类。计算各聚类之间的相似性，然后将两个最相似的聚类连接在一起，形成一个单一的聚类。重复上述两个步骤，直到仅剩一个聚类。

分层聚类分析将各数据点视为一个单例聚类，然后将其合并，直到形成单个聚类。在单段链路聚类分析中，两个聚类之间的距离等于该组中两个最接近成员之间的距离，如图 5.17 所示。

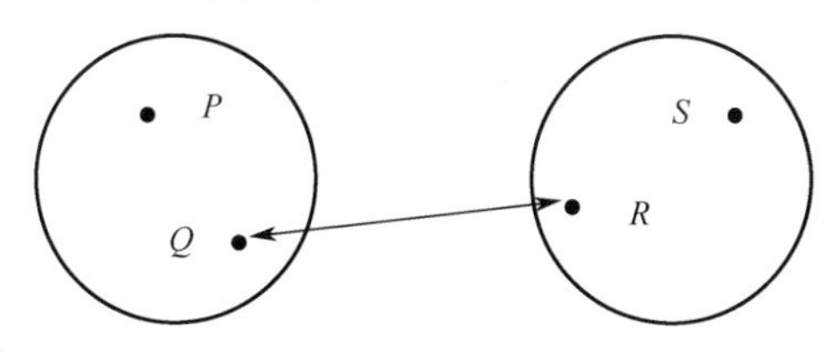

图 5.17　单段链路聚类分析

在完全链路聚类分析中，考虑最远点之间的距离。在此，只有在其并集中的所有观察值都相似的情况下，才对两点进行聚类。从而获得直径较小的紧凑型聚类，如图 5.18 所示。

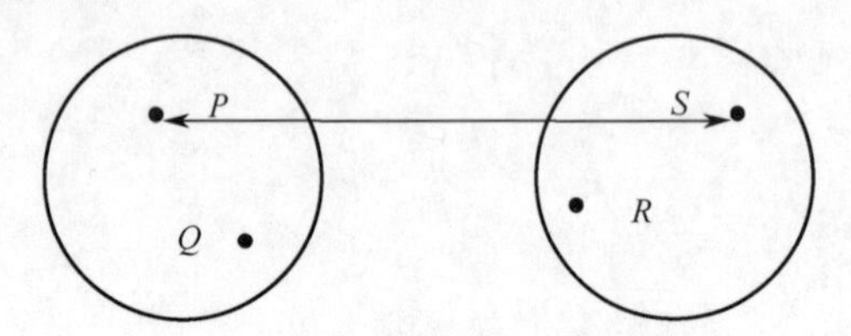

图 5.18　完全链路聚类分析

在平均链路聚类分析中，为对数据点进行聚类分析，测量所有点对之间的平均距离，如图 5.19 所示。

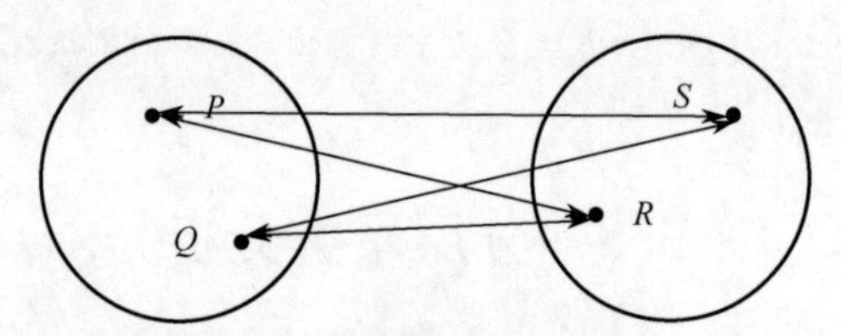

图 5.19　平均链路聚类分析

算法 5.4 介绍了分层聚类分析算法。

在分层聚类分析中，采用树状图表示相似数据点与父子数据点之间的关系。此类树状图可以是柱形图或列图。系统树图中的各分支称为分化枝，其中各分化枝具有一个或多个叶：单个、2 个或 3 个。因此，分层聚类支持 3 个不同类型的连接：单段、平均和完全。

算法 5.4　分层聚类分析

输入：各特征的 CSV 文件

输出：表示聚类样本的齿状图

初始化：我们将各单独的数据点作为聚类。给定一组 $\{x_1, x_2, \cdots, x_n\}$ n 个数据点和一个距离函数 d（,）。令 $C = \{c_1, c_2, \cdots, c_n\}$ 为形心集合。

1：对于 I←可选择 1 ~ n

2：将各数据点分配至聚类中心，$c_i = x_i$

3：结束 for 语句

4：$l = n + 1$

5：当（C）大小，可选择 $> l$

6：对于所有 c_i，可选择 $c_j \in C$

7：d （c_i，c_j） 是任意两个单独数据点 x_i，x_j之间的最小距离

8：结束 for 语句

9：令 （$c_{\min 1}$，$c_{\min 2}$） 为对应于最小距离的形心

10：从 C 中删除形心 $c_{\min 1}$和 $c_{\min 2}$

11：合并两个形心，并将 $\{c_{\min 1}, c_{\min 2}\}$ 添加到 C 中。为此，我们将以最小距离分隔的各数据点进行合并

12：$l = l + 1$

13：结束 While 循环

```
from matplotlib import pyplot
from scipy. cluster. hierarchy import dendrogram, linkage
from scipy. cluster import hierarchy
import numpy as np
import pandas as pd
from scipy. cluster. hierarchy import cophenet
from sklearn. metrics. cluster import homogeneity_score
from scipy. spatial. distance import pdist
from sklearn. cluster import AgglomerativeClustering
from sklearn. cluster import SpectralClustering
from sklearn. model_selection import train_test_split
from sklearn. metrics import roc_curve, auc, roc_auc_score
from sklearn import metrics
import seaborn
from matplotlib. colors import rgb2hex, colorConverter
from collections import defaultdict
pyplot. style. use( 'ggplot' )
seaborn. set( style = 'ticks' )
pyplot. rcParams[ 'figure. figsize' ] = (16, 9)
pyplot. style. use( 'ggplot' )
fig = pyplot. gcf( )
# Importing the dataset
data = pd. read_csv( 'GM - cpu_ram - labeled. csv' )
print( data. shape)
data. head( )
f1 = data[ 'cpu_sum' ]. values
f2 = data[ 'ram_used' ]. values
f3 = data[ 'labels' ]. values
X = np. array( list( zip( f1, f2) ) )
```

```
X = np. array( list( zip( f1 , f2) ) )
X_train, X_test, y_train, y_test = train_test_split( X, f3, test_size = 0. 33,
random_state = 42 )
ac = SpectralClustering( n_clusters = 2 )
ac = ac. fit( X_train, y = None )
y_pred = ac. fit_predict( X_test )
ax = data. plot( kind = 'scatter', x = 'cpu_sum', color = 'white', y = 'ram_used', alpha = 1,
fontsize = 18 )
pyplot. xlabel( 'cpu_sum', fontsize = 18 )
pyplot. ylabel( 'ram_used', fontsize = 18 )
pyplot. title( "Testing set with predicted labels", fontsize = 18 )
ax. set_ylim( (0. 16, 0. 23) )
ax. set_xlim( (0, 0. 25) )
ax. set_facecolor( "white" )
fig. set_size_inches( 18. 5, 10. 5 )
ax. grid( color = 'w', linestyle = '-', linewidth = 0 )
ax. scatter( X_test[ :, 0 ], X_test[ :, 1 ], c = y_pred, s = 50, cmap = 'prism_r' )
n_clusters_ = len( set( y_pred) ) (1 if -1 in y_pred else 0)
print( "Ignoring noise (if any) the total number of clusters = %d" % n_clusters_)
print( "Homogeneity: %0. 6f" % metrics. homogeneity_score( y_test, y_pred) )
print( "Completeness: %0. 3f" % metrics. completeness_score( y_test, y_pred) )
print( "V-measure: %0. 3f" % metrics. v_measure_score( y_test, y_pred) )
print( "Jaccard Similarity score : %0. 6f" % metrics. jaccard_similarity_score
( y_test, y_pred, normalize = True, sample_weight = None) )
print( "Cohen's Kappa : %0. 6f" % metrics. cohen_kappa_score( y_test, y_pred, labels = None,
weights = None) )
print( "Hamming matrix : %0. 06f" % metrics. hamming_loss( y_test, y_pred, labels = None, sam-
ple_weight = None, classes = None) )
print( "Accuracy Score : %0. 06f" % metrics. accuracy_score( y_test, y_pred, normalize = True,
sample_weight = None) )
print( "Precision Score : %0. 06f" % metrics. precision_score( y_test, y_pred, labels = None, pos_
label = 1, average = 'weighted', sample_weight = None) )
print( "Mean Absolute Error : %0. 06f" % metrics. mean_absolute_error
( y_test, y_pred, sample_weight = None, multioutput = 'raw_values') )
print( "F-Score : %0. 06f" % metrics. f1_score( y_test, y_pred,
labels = None, pos_label = 1, average = 'weighted', sample_weight = None) )
print( metrics. classification_report( y_test, y_pred) )
print( "Predicted set of labels are : " )
print( y_pred)
```

```
print( " Actual set of labels are : " )
print( y_test)
fpr, recall, thresholds = roc_curve ( y_test, y_pred)
```

```
roc_auc = auc( fpr, recall)
pyplot. figure( figsize = (15,6) )
pyplot. plot( fpr, recall, 'b' , label = ' AUC = %0. 2f' % roc_auc, color = 'darkorange' )
pyplot. title( ' Receiver Operating Characteristic curve' , fontsize = 20)
pyplot. legend( loc = ' lower right' )
pyplot. plot( [0, 1], [0, 1], color = ' navy' , linestyle = ' - - ' )
pyplot. xlim( [0. 0, 1. 0])
pyplot. ylim( [0. 0, 1. 0])
pyplot. ylabel( ' True Positive Rate' , fontsize = 20)
pyplot. xlabel( ' False Positive Rate' , fontsize = 20)
pyplot. show( )
print( " Area under the ROC curve is " )
print( roc_auc_score( y_test, y_pred) )
class_names = [1,0]
cnf_matrix = metrics. confusion_matrix( y_test, y_pred)
print( cnf_matrix)
seaborn. heatmap( cnf_matrix. T, square = True, annot = True, fmt = ' d' ,cbar = False
xticklabels = class_names, yticklabels = class_names, cmap = ' summer_r' ,
annot_kws = {" size" :20} )
fig. set_size_inches(2,2)
pyplot. xlabel( ' true_label' , fontsize = 18)
pyplot. ylabel( ' predicted_label' , fontsize = 18)
fig = pyplot. gcf( )
Z = linkage( X, method = ' complete' , metric = ' euclidean' )
c, coph_dists = cophenet( Z, pdist( X) )
hierarchy. set_link_color_palette( [ 'm' , 'c' , 'y' , 'k' ])
pyplot. subplots( figsize = (15, 50) )
den = hierarchy. dendrogram( Z, above_threshold_color = '#bcbddc' ,no_plot = False,
leaf_font_size = 13. , orientation = ' right' )
cluster_idxs = defaultdict( list)
for c, pi in zip( den[ ' color_list' ], den[ ' icoord' ]) :
for leg in pi[1:3]:
i = ( leg 5. 0) / 10. 0
if abs( i int( i) ) < 1e-5:
cluster_idxs[ c]. append( int( i) )
```

```
print("cluster_idxs is")
print(cluster_idxs)
pyplot.title('The Truncated Hierarchical Clustering Dendrogram')
pyplot.xlabel('distance', fontsize=18)
pyplot.ylabel('sample index', fontsize=18)
dendrogram(Z,truncate_mode='lastp',p=30,#shows only the last p merged clusters
leaf_rotation=90., leaf_font_size=15.,
show_contracted=True)# to get a distribution impression in truncated branches
pyplot.show()
```

（1）测试集的真实标签为

[110100101010100110101100011001000100000001000001011001000000000001000100]

（2）测试集的相应预计标签集为

[000000010010000000000000001000000000100100000000010000000000000010000000]

（3）准确性评分：0.638889。

（4）精度评分：0.551954。

（5）平均绝对误差：0.361111。

（6）*F* 评分：0.567934。

（7）均匀度：0.000458。

（8）完整性：0.001。

（9）V 量度：0.001。

（10）雅卡尔相似性评分：0.638889。

（11）科恩卡帕统计量：-0.018498。

（12）汉明矩阵：0.361111。

表5.5所列为分类报告。标签0表示善意软件类，而1表示恶意软件类。

表5.5　分层聚类分析的分类结果

标签	精度	再呼叫	F_1 评分	支持
0	0.68	0.90	0.77	49
1	0.29	0.09	0.13 8	23
平均/总计	0.55	0.64	0.57	72

如前所述，聚类分析误差的增加导致 AUC 值减小。图 5.20 所示为分层聚类分析的 ROC 曲线图。ROC 曲线下的面积为 0.49。我们的分类器明显与对角线对齐，表明分类器的效率和准确性非常低。进一步证明对于聚类分析恶意软件和善意软件而言，CPU-RAM 使用统计数据并非良好的特征。

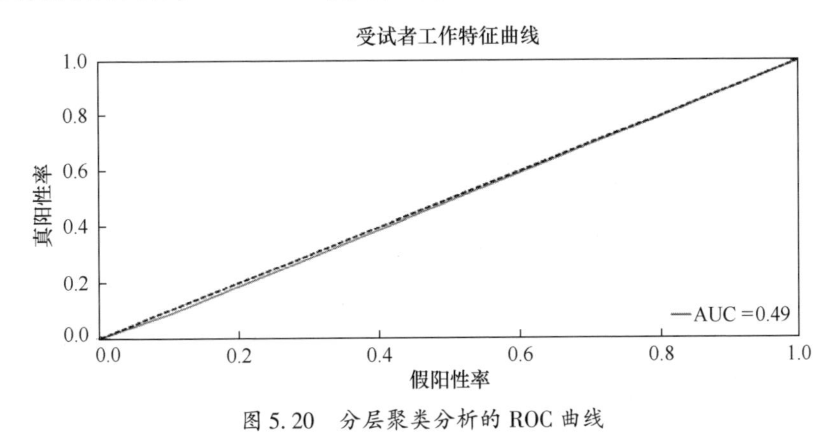

图 5.20 分层聚类分析的 ROC 曲线

图 5.21 所示为指示真实标签和预计标签之间相关性的混淆矩阵。带真实标签的测试数据集如图 5.22 所示，带预计标签的测试数据集如图 5.23 所示。黑色数据点为异常值。

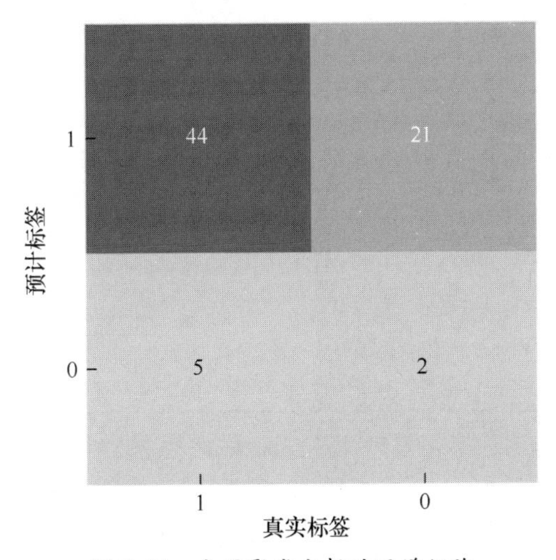

图 5.21 分层聚类分析的混淆矩阵

实施单段、完整和平均链路聚类分析会为我们提供图 5.24、图 5.25 和图 5.26所示的输出图像。图 5.24 中所示的树状图清楚地表明，所有对象都已连接，因此距离之和（边缘权重）最小。聚类的两个最接近成员连接并合并在一起，据称是最轻的边缘权重。单个聚类分析也称为最近邻聚类分析。

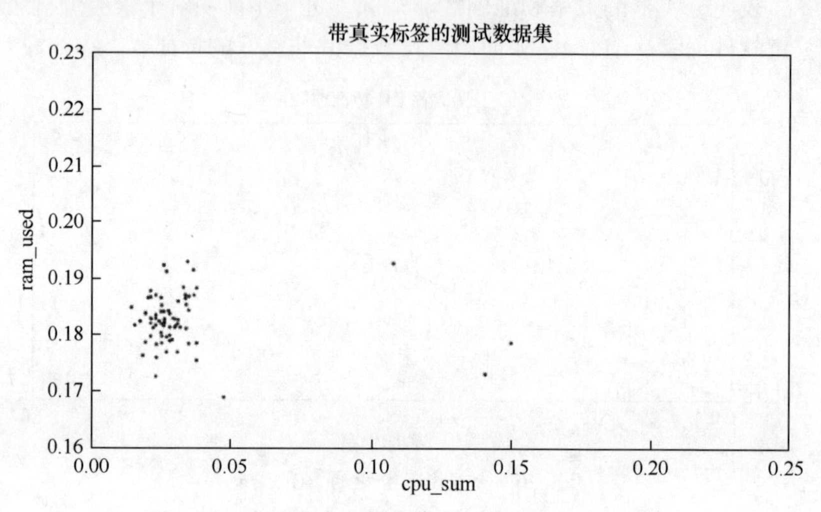

图 5.22　分层聚类分析的带真实标签的测试数据集

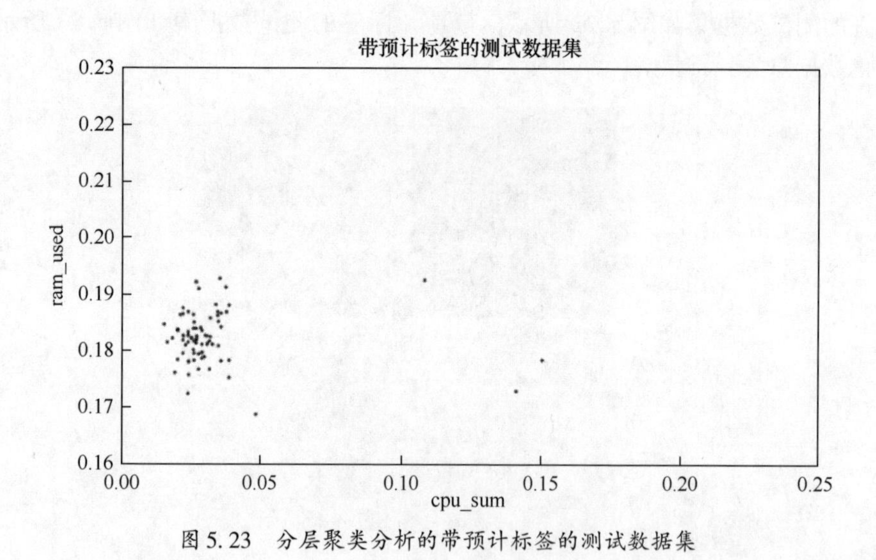

图 5.23　分层聚类分析的带预计标签的测试数据集

计算数据集中最远点之间的距离，即可得到图 5.25 所示的完整聚类分析。

平均链路聚类分析的截断树状图如图 5.26 所示。

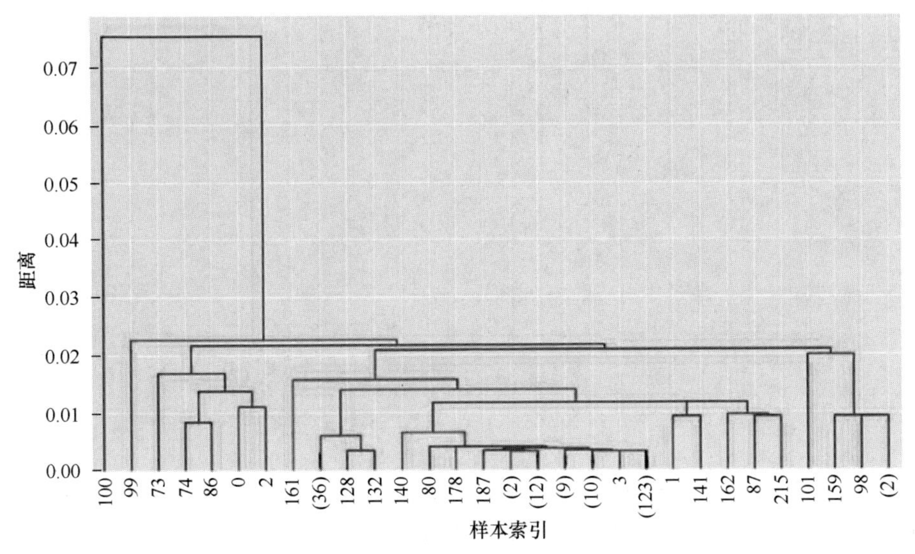

图 5.24　单段链路聚类分析的截断树状图

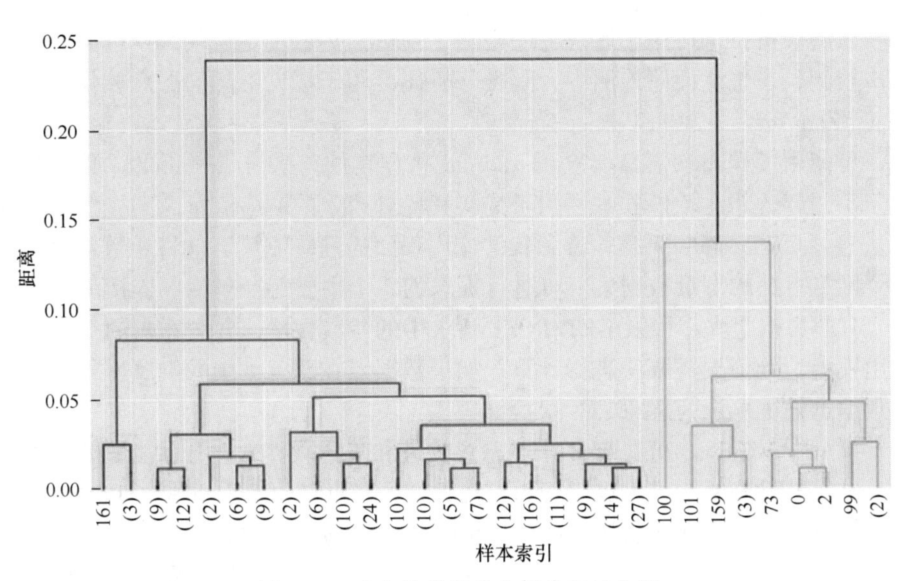

图 5.25　完全链路聚类分析截断树状图

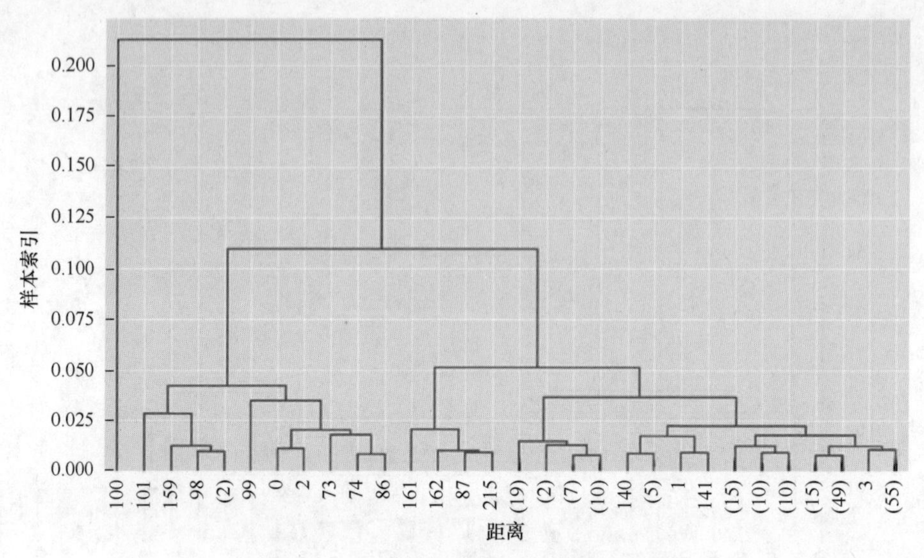

图 5.26　平均链路聚类分析截断树状图

5.9　聚类算法应用最新进展

聚类分析技术可用于恶意程序检测、钓鱼网页识别、垃圾邮件过滤和旁路攻击检测。在恶意程序检测中，聚类分析还可用于标识不同的恶意软件族，如 Zbot、ZeroAccess、WinWebSec 等。

可使用模糊 c-均值聚类检测 Android 恶意软件。来自 AndroidZoo 数据集且属于不同族的恶意软件样本可用于捕获其各自产生的网络流量。同样，也可捕获从 Google Playstore 下载的善意软件应用程序的网络流量。这将导致包含数十万个网络特征的海量数据集。可进行提取的 3 个主要特征包括各连接的持续时间、TCP 数据包大小以及 GET/POST 请求中的参数数量。各数据点的隶属度可使用模糊 c-均值聚类算法进行计算。如果数据点在恶意类中的隶属度很高，则该数据点将被标记为恶意。

也可在 Windows 可执行文件（恶意软件和善意软件）生成的 HTTP 网络流量上进行聚类分析。可提取用于构建数据集的某些统计特征包括 HTTP 请求总数、GET 和 POST 请求总数、URL 平均长度、请求中的参数平均数量、POST 请求发送的平均数据量等。在对统计特征进行标准化并应用适当的距离度量（如欧几里得距离）后，可使用单段链路聚类分析算法执行粗粒度聚类分析。通过采用结构特征（如计算由两个不同的恶意软件样本生成的 GET 请求之间的距离），可将粗粒度聚类细分为较小的细粒度聚类。

谣言正以惊人的速度传播，尤其是在技术得到不断发展之后。社交媒体具有开放性，因此也为人们提供了创造、分享和传播谣言的机会。聚类分析有助于从真实的消息中识别出谣言。目前最好的谣言检测系统之一就是执行准确性验证任务，可通过删除停用词、标点符号等进行一些预处理。卡方检验特征选择和方差阈值特征选择是潜在的特征选择方法之一。除此以外，还可提取其他特征，如 WH 问题的存在、否定词的检查等。最后，可使用适当的聚类分析算法查找聚类，以便根据合法推文对谣言进行分类。

通过评估用户行为为互联网用户创建网络配置文件属于新的研究领域，其中包括大数据中的数据挖掘和 k-均值聚类分析。此类举措旨在了解用户的浏览行为，因此适用于数字取证。可通过收集数据（如通过网络流量接收和发送的数据包以及用户访问的网站）构建教育机构的网络资料。在初始阶段，可使用聚类分析技术根据访问者的人数将网站的访问者分为三类（低、中、高）。

聚类分析算法还可用于预测各种犯罪发生概率较高的位置。具有无监督机器学习技术优势的聚类分析通过观察犯罪类型及其对应地理位置的详细信息，协助识别类似的行为方式。

5.10 结　　论

实验结果证明，各种聚类分析机制都拥有其自身创建聚类的方式。某些聚类分析算法（如 k-均值聚类分析和基于密度的聚类）可预测输入数据点的标签，因此其行为类似于有监督机器学习技术。但是，分层和模糊 c-均值聚类等其他聚类分析技术则无法预测标签，因此其行为类似于无监督机器学习技术。尽管 k-均值聚类分析要求在开始时指定聚类的数量，但分层聚类分析不需要。即使仅聚类分析并不能帮助我们识别善意或恶意应用程序，其也会将行为类似的样本分组到相同的聚类中。可使用支持向量机或其他分类算法对此类聚类数据进行进一步分类。因此，可以得出结论：聚类分析可用作恶意程序检测的中间步骤。

第6章 最近邻算法和指纹分类

6.1 简 介

最近邻（NN）是一种有监督机器学习技术。NN 算法的基本原理是在测试数据集中找到位于各数据点附近的邻，然后将其分配给最代表邻的类。NN 分类器将考虑属于相似类别的最近邻的最大数量。NN 是一种简单的算法，其存储所有可用的情况，并基于相似性度量（距离函数）预测数值目标。

NN 是基于实例的学习方法。其不会尝试构建通用模型；相反，其存储训练数据的实例。基于相邻数据点的标签对数据点进行分类和标记。例如，NN 可用于模式识别领域，如通过识别系统调用模式检测恶意程序，通过捕获 pcap 文件观察传入和传出网络数据包的入侵识别系统（IDS）、指纹识别等。在上述所有情况下，NN 的基本原理均相同。NN 在图像分类中的应用将是有趣的研究领域。在本章的最后一部分中，将详细讨论如何获取有关各种指纹图案类型并对其进行分类的有用信息。类似于聚类分析，NN 调用不同的距离度量，确定数据点之间的距离。最近邻算法主要有两种类型：k-最近邻算法（k-NN）和基于半径的最近邻算法。

顾名思义，k-NN 将考虑围绕待分类的数据样本的邻数量 k。k-NN 算法的基本原理是在测试数据集中找到位于各数据点附近的 k 个邻，然后将其分配给最代表该邻的类中。分类仅取决于 k 值。较大的 k 值可能会抑制噪声影响，但可能会导致分类边界重叠。在 k-NN 中，k 值仅取决于数据集的类型。因此，如果在恶意软件分类中的 k 值等于 5，则在指纹分类的情况下，k 可等于或不等于 5。k-均值聚类分析中的符号 k 与 k-NN 之间的主要区别在于，在前者中 k 表示聚类数量，而在后者中 k 表示对未知类别样本进行分类所要考虑的邻数。

在数据未统一采样的情况下，将使用基于半径的最近邻算法。在此，通过在测试数据半径 r 内找到待分类的测试数据周围的相邻点确定最近邻。选择特定的半径 r，并且在分类时将考虑落入边界内的最近邻。在高维空间中，由于维数的影响，该方法的有效性较差。

NN 是一种非参数的懒惰学习算法。其使用数据点分为多个类别的数据集预测新数据点的分类。如果一项技术不对基础数据分布进行任何假设，并且由数据本身确定模型结构，则该技术称为非参数技术。该技术非常有用，因为在许多情况下，大多数数据都不遵循任何典型的理论分布。因此，当很少或没有关于数据分布的先验知识时，NN 可能是分类研究的首选方法之一。NN 也是一种懒惰算法（与渴望算法相对），这意味着其不使用训练数据点进行任何概括。也就是说，只有很少或根本没有明确的训练阶段，导致训练阶段非常快。

通过将集合中的各数据点连接到其在数据集中的 k 个最近邻可获得任何数据集的 k-NN 图，其中任何距离计算量度都可确定紧密度。当在处理高维数据时将难以找到此类 k 个邻，我们采用 Ball 树、k-d 树等数据结构搜索最近邻，对测试数据集中的兴趣点进行分类。通过在整个训练集中搜索 k 个最相似实例（邻）并找到 k 个实例所属的类，以便对测试数据点进行预测。

NN 用于解决分类和回归问题。在解决分类问题时，将输入点放入已知的适当类别中，而回归涉及预测输入点与其余数据点之间的关系。

使用 k-NN 解决分类问题涉及从附近的 k 个实例计算出现次数（或频率）最高的标签。各类别（或标签）的概率计算为属于各类别的测试数据点的 k 个最相似样本的归一化频率。k 的选择确定了 k-NN 的局部性。对于较大的 k，分类器一般忽略模式的较小凝聚。对于大数据集而言，k-NN 必须在整个空间中搜索 k-最近模式，但可基于扫描子集中的 k-最近邻算法产生良好的近似值。在进行分类实验时，采用交叉验证选择最佳的 k 值。这也是为了避免过度拟合。进行交叉验证，拆分数据集，将其分类为训练、验证和测试集。

与模式识别一样，k-NN 也用于解决多类分类问题。当 k-NN 用于回归问题时，预测基于 k 个最相似实例的均值或中值。

6.2 最近邻回归

在最近邻回归中，标签并非类，而是实际值或离散值。令 $\{(x_i, y_i)\}$ 为样本训练集，其中 x_i 为第 i 个数据点，y_i 为相应的标签，该标签为离散值或实数值。最近邻回归算法载列于算法 6.1 中。

算法 6.1　最近邻回归算法

1：计算训练数据集中各样本 x_i 与测试数据 x 之间的距离 $d(x, x_i)$

2：从数据集中选择 $1 \leqslant j \leqslant k$ 的 k 个实例 x_{ij}，其中 $d(x, x_{ij})$ 最小。令 $y_{i1}, y_{i2}, \cdots, y_{ik}$ 为对应的标签

3：计算 x 的标签 y 作为 k 标签的平均值，$y = \frac{1}{k}\sum_{j=1}^{k} y_{ij}$

6.3 k-NN 分类

在分类时应正确识别围绕数据点的邻。NN 是基于实例的机器学习方法。在通常的 k-NN 搜索中，考虑了接近待分类数据样本的 k 个邻。k 个最近实例的接近程度取决于距离度量。在高维空间中，可能会导致计算效率低下。高维数据所面临的主要问题之一是最近邻/最近点的确定。因此，有必要通过基于某些数据结构（如 Ball 树或 KD 树）对样本进行排序，以便找到 k 个最近邻，从而加快执行。此类算法的主要目的是减少计算数据集中样本之间距离所需的计算量。

考虑一个二维数据集。使用 k-NN 对数据点进行分类的最简单方法是：首先计算从待分类数据点到训练数据集中每个其他点的距离。在分类期间，待分类的数据点被视为属于该类别，该类包含围绕该点的大多数邻，这称为强力法。算法 6.2 中给出了强力 k-NN 分类算法。

考虑一个包含 n 个 d 维样本的训练数据集，则强力算法的运行时复杂度由 $O(dn^2)$ 确定。当数据集大小较小且样本维度较少时，强力效果非常好。

算法 6.2　强力 k-NN 分类算法

1：计算训练数据集中各样本 x_i 与测试数据 x 之间的距离 $d(x, x_i)$

2：从数据集中选择 k 个实例 $x_{ij}, 1 \leqslant j \leqslant k$，其中 $d(x, x_{ij})$ 最小。令 $y_{i1}, y_{i2}, \cdots, y_{ik}$ 为其所对应的标签

3：将 x 的标签 y 分配为标签 $y_{i1}, y_{i2}, \cdots, y_{ik}$ 的大部分

但是，随着数据集大小和维度的增加，强力算法的效果会大大降低并且变得实际上毫无用处。

6.4 k-NN 数据准备

以下为可用于准备 k-NN 数据的最佳方法：

（1）归一化。在使用最近邻进行数据分类时，数据缩放非常重要。如果数据规模相同，则 k-NN 通常会表现良好。最好在［0, 1］范围内对输入数据进行归一化。当我们有数字输入数据时，则完成此操作。

（2）降维技术。尽管 k-NN 可处理高维数据，但在此类情况下其性能会显著降低。k-NN 更适合于低维数据，因此可受益于良好的特征选择技术，从而

降低输入数据点的维数。

对于指纹识别而言，与其从整个图像中提取所有特征，不如对所需部分进行裁剪并仅从裁剪后的部分中提取特征，这样效果更好。其有助于消除不必要的噪声和指纹中不需要的部分。

6.5 局部敏感哈希算法

局部敏感哈希算法（LSH）是一种降维技术，可用于消除包括可能不完全相似数据点的重复样本。当对非常大的数据集执行恶意程序检测时，属于同一族的样本可能会具有相似的权限和 API 调用集。在这种情况下，局部敏感哈希算法技术有助于减少数据集，以便简化聚类分析并提高其精度。相似的元素映射到同一存储桶中。仅就以下距离度量定义局部敏感哈希算法：余弦相似性、雅卡尔相似性、汉明距离和欧几里得距离。

令 Q 为查询点，以便 LSH 从欧几里得空间中的一组数据样本中搜索 Q 的近似最近邻点。LSH 使用的哈希函数可确保彼此靠近的点以较高的概率存储在同一存储桶中，而相距较远的点以较低的概率存储在同一存储桶中。在这种情况下，LSH 只需搜索存储桶中与 Q 对应的点。此外，LSH 使用多个哈希函数减少靠近 Q 的点遭到忽视的概率。LSH 已在理论和实验中证明了其对于高维数据的有效性。

6.6 计算最近邻的算法

在分类时应正确识别围绕数据点的邻。如前所述，最近邻是基于实例的机器学习。在通常的 k-最近邻算法搜索中，考虑了接近待分类数据样本的 k 个邻。k 个最近实例的接近程度取决于距离度量。在高维平面中，可能会导致计算效率低下。因此，有必要通过基于某些数据结构（如 Ball 树或 KD 树）对样本进行排序，以便找到 k 个最近邻，从而加快执行。我们将审查用于查找最近邻的不同算法。

6.6.1 强力破解

考虑一个二维数据集。使用 k-最近邻算法对数据点进行分类的最简单方法是计算从待分类数据点（称为相关点）到训练数据集中每个其他点的距离。在分类期间，待分类的数据点被视为属于该类，该类包含围绕该相关点的大多数邻，称为强力方法。

考虑一个包含 n 个 d 维样本的训练数据集，则强力算法的运行时复杂度由 $O(dn^2)$ 确定。当数据集大小较小且样本维度较少时，强力效果非常好。但是，随着数据集大小和维度的增加，强力算法的效果会大大降低并且变得实际上毫无用处。

6.6.2 KD 树算法

KD 树算法代表 K 维树。其概括了不同的树结构，如二叉树、四叉树、八叉树等，其中树的各节点将具有 K 个节点：二叉树为 2 个，四叉树为 4 个，八叉树为 8 个。其为排序的分层数据结构。用于查找高维空间中的最近邻。高维数据的主要问题之一是难以找到最近邻。

KD 树算法的计算成本为 $O[dn \log N]$，因此，N 值越大，KD 树算法的效果越好。但是，维度（D）数越大，算法所需的时间就越多，这也称为维数诅咒。

6.6.2.1 KD 树算法结构

构建 KD 树算法的两个基本步骤是在遍历整棵树后确定中间值，然后沿着中间值对数据集进行拆分。正如我们构建二叉搜索树数据结构以对构成 d 维数据点的数据集进行分类一样，K 维树也将 d 维数据点进行了分区。KD 树算法递归地划分空间区域，在树的各级别上创建一个二进制空间划分。

首先，采用一组二维数据集，我们的目标是通过选择任意随机维度，找到中值并沿中值拆分数据集，以便构建数据结构。该数据结构会将数据集组织为二进制搜索树，然后找到查询点的最近邻，其将从根节点开始沿着树向下导航。在二进制搜索树中，实线的二进制分区在各内部节点上，并由实线上的“点”表示。类似情况下，对于 KD 树算法而言，各内部节点的二维笛卡儿平面的二进制分区由平面中的一条直线表示。因此，任何穿过内部节点所表示的点的直线都将分割二维笛卡儿平面。

（1）对于二维数据集而言，选择值分布最大的维，然后找到该属性的中值。

（2）使用中值均匀地拆分数据集（如果可能）。

（3）接下来，选择此子集的 y 属性的中值。

（4）当选择 x 属性的中值时，绘制一条垂直于 x 轴的直线。类似地，对于就 y 轴选择的各中值，绘制一条垂直于 y 轴的直线。

（5）树的深度永远不能大于 $\log_2 N$，其中 N 是数据集中元素的总数。因为如果深度大于 $\log_2 N$，则树将以单例集结束。

KD 树算法中的非叶节点将空间分为两部分，称为半空间。该空间左侧的点由该节点的左侧子树表示，而空间右侧的点由右侧子树表示。对于给定的查

询点 q，通过从根节点遍历树以完成搜索。一旦搜索到包含查询的叶区域，就可使用简单的线性搜索从该区域中的点中查找并存储查询点的 k 个最近邻。该树可用于查找任何测试数据点的最近邻。

6.6.3 Ball 树算法

Ball 树是一种嵌套集模型，其工作原理是将数据点在多维空间中划分为多个超球面的分层集（或嵌套集），以便以更具组织性的方式开展最近邻搜索。Ball 树构造算法旨在通过假设数据在多维空间中，以便解决 KD 树算法在更高维度上计算效率低下的问题。然后创建嵌套的超球面。查询的时间复杂度为 $O[d\log(n)]$。虽然 KD 树算法使用与笛卡儿平面平行的直线，但 Ball 树使用超球面对数据进行分类。在 Ball 树算法中，整个数据集 n 被视为根节点，并且可如图 6.1 所示。

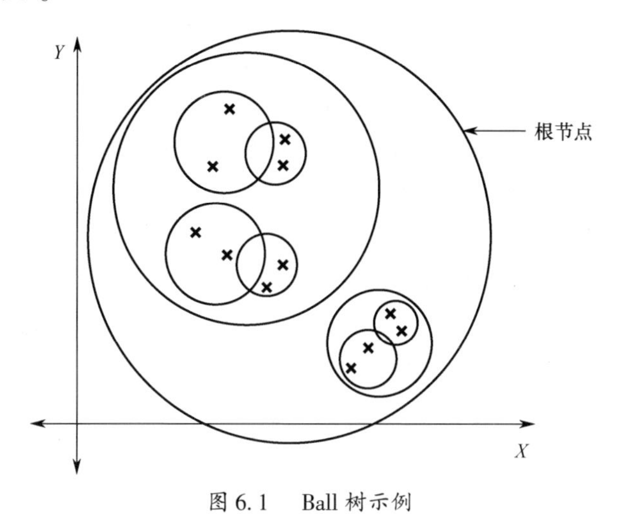

图 6.1　Ball 树示例

构造了更多的超球面，确保没有两个超球面包含相同的数据点。在图 6.1 中，各“×”代表一个数据点。根节点由外部较大的圆圈表示，各较小的圆圈表示超球面。

在 Ball 树数据结构中，二叉树各节点都是具有两个数据点的超球面。超球面可能重叠也可能不重叠，但各数据点仅属于一个节点。各超球面具有预定的半径 R 和形心 C。计算数据点到球中心的距离将有助于我们确定数据点所属的球。数据点始终属于与形心距离最小的球。如果数据点到两个形心的距离恰好相同，则其可能属于相交处的任何一个球。树数据结构中的球可相交也可不相交，并且由树中的叶节点确定。数据点通常位于球内。在解释如何对数据点进行分类时，重复强调了 Ball 树是一种分层结构的二叉树。

Ball 树中的各节点定义了包含其子树中所有数据点的最小球。Ball 树的最重要属性之一是测试数据点 t 到树中球 B 中任何其他数据点的距离等于或大于从球到 t 的距离。

首先，创建两个称为聚类的球形结构。任何待分类的数据点将属于两个聚类之一，但不能同时属于两个聚类。Ball 树定义了半径 R 和形心 C，将数据集递归地划分为不同节点，以便节点中的各数据点位于 R 和 C 定义的超球面内。根据三角形不等式 $|m| + |n| \geq |l|$，任意两个边的和始终大于三角形的第三边。三角形不等式用于减少邻搜索时的候选点数量，还有助于缩短搜索时间。因此，足以计算测试数据点与球形心之间的距离，确定到节点内所有数据点的距离上限和下限。注意：Ball 树为二叉树，由此创建的各球都进一步细分为两个子聚类。此类子聚类类似于球，这意味着其具有形心，并且从子聚类到形心的距离决定了数据点是否属于该球。再次对子球进行细分，直至达到预定深度。为找到测试数据点的最近邻以及随后可能属于的类，首要步骤是将其包括在 Ball 树中的任何嵌套球中。我们假设位于此嵌套球中的数据点更接近目标点（测试数据点）。非叶节点不包含任何数据点，因此指向两个子节点。尽管最初构造 Ball 树需要花费大量时间和内存，但是一旦创建了嵌套的超球面，则最容易识别最近的数据点。

6.6.3.1　使用 Ball 树搜索最近邻

最近邻经常需要构建图，以便进行更快搜索。如前所述，没有两个数据点可属于多个超球面。首先，构造一个 Ball 树数据结构，并在 Ball 树中搜索最近邻。通过在 KD 树算法中绘制与笛卡儿坐标轴平行的直线，对数据点进行拆分，Ball 树将数据拆分为一组超球面，其中两个紧密的数据点集属于同一超球面。超球面可能相交，但是各数据点都属于两个超球面之一。这是基于该数据点与球的形心之间的距离。树中的各叶节点都会历数该球内的所有数据点。对于任何给定的数据点 t，到树中超球面 B 中任何数据点之间的距离都大于或等于从 t 到超球面之间的距离。在 Ball 树数据结构中搜索测试数据点 t 的最近邻时，假设我们遇到的数据点 p 似乎接近 t；然后，对于其余的搜索而言，将忽略其子节点到 t 的距离超过 p 的所有子树。

采用深度优先搜索在 Ball 树中完成最近邻搜索。深度优先搜索从根节点开始，并遍历所有必要的节点。

Ball 树的最重要应用之一是使用最近邻技术和一些距离度量查询各数据点。在搜索过程中，该算法维护最大优先级队列。采用堆集树实施队列。可使用不同的数据结构实现优先级队列（图 6.2）。

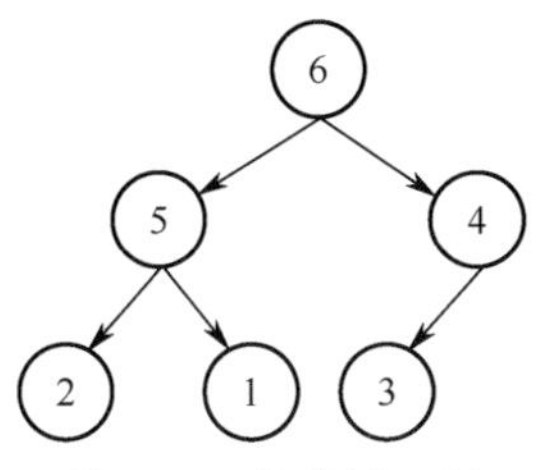

图 6.2　堆集树示例

维持从位置 1 开始的数组，创建优先级队列。图 6.3 所示为根据堆集树构造的优先级队列。

（1） arr［1］具有堆集树的根节点。

（2） arr［2］具有节点的左子节点。

（3） arr［3］具有右子节点。

（4） 位置 arr［k］节点的左子节点位于数组 arr［$k*2$］中，而右子节点位于数组 arr［$k*2+1$］中。

（5） 如果节点位于数组 arr［k］中，则其父节点位于数组 arr［$k/2$］中。

现在我们将说明构建 Ball 树数据结构的算法。

6	5	4	2	1	3
[1]	[2]	[3]	[4]	[5]	[6]

图 6.3　优先队列数组，arr

最大堆集树具有以下属性：节点值始终小于或等于其父节点的值。堆集树并非排序的树结构，因此被视为仅部分排序。不同级别和相同级别的节点之间不存在关联。在将新元素插入堆集树时，其最初会添加到堆集树的末尾。根据堆的属性，重新排列树的元素，以便将新添加的元素放置于其确切的索引位置。考虑当插入新节点 N 时导致不平衡的情况。枢轴节点将被视为是从根节点到叶节点的路径上发现的不平衡节点，因此 p 离根节点最远。

算法 6.3　Ball 树构建算法，BallTreeConstruct（）

输入：N：数据集中数据点构成的数组

输出：BT：创建 Ball 树并返回根节点

初始化：d 是最大的点分布维度

p 是沿 d 的各点中值

L 是沿着 c 位于 p 左侧的点集，R 是沿着 c 位于 p 右侧的点集

1：如果仅剩一点，则

2：创建一个节点 BT，该节点包含 N 中的唯一数据点
3：返回 BT
4：其他
5：创建有两个子节点的 BT，其中
BT 枢轴是中值
调用函数 Ball TreeConstruct（L）和 BallTreeConstruct（R）创建子代
6：返回 BT
7：结束如果语句

现在让我们看一下该算法，以便了解如何在 Ball 树数据结构中完成最近邻搜索。

算法 6.4　KnnSearch（t, k, Q, B）

输入：k：待搜索最近邻的最大数量
t：待分类的测试数据点
Q：包含所有 k 点的最大优先级队列
B：树中的任何节点（或超球面）
输出：Q：包含 t 的 k-最近邻算法的最大优先级队列
1：c_1是最接近测试数据点 t 的子节点
2：c_2是距离测试数据点 t 最远的子节点
3：如果 t 与当前节点 B 之间的距离大于 t 与 Q 中最远点的距离，则
4：在不变的情况下返回 Q
5：如果 B 为叶节点，则
6：对于节点 B 中的各数据点 p
7：如果 t 与 p 之间的距离小于 t 与 Q 第一个元素之间的距离，则
8：将数据点 p 添加到优先级队列 Q 中
9：如果优先级队列 Q 中的元素总数超过最大限制 k，则
10：消除 Q 的最远元素
11：结束如果语句
12：结束如果语句
13：结束 for 语句
14：其他
15：执行 Knn 搜索（t, k, Q, c_1）
16：执行 Knn 搜索（t, k, Q, c_2）
17：结束如果语句

在数据集维数很高的情况下，Ball 树数据结构被视为一种有效的技术。

6.7 基于半径的最近邻算法

基于半径的最近邻算法尝试查找与数据点分开的所有邻，并按照特定半径进行分类。如果所采用的半径太小，导致测试样本不存在邻，则代码将崩溃。

在图 6.4 中，*R* 表示半径超参数，*X* 表示从测试数据集中获取的样本、圆内的所有点以及半径内用于预测类别的观测值。如果必须使用基于半径的最近邻算法对样本进行分类，则考虑在待分类的数据点周围的一个圆形区域，查找与其类似的训练样本。在 k-NN 中，距离度量可视为待分类样本指定了在指定距离处围绕相关点的最大邻数标签。此处，我们指定找到邻观测值所属族的半径。所考虑的参数包括：

（1）半径超参数；

（2）离群值标签。

其决定在半径范围内不存在其他数据点的数据点标签（用于识别异常值的有效工具/策略）。

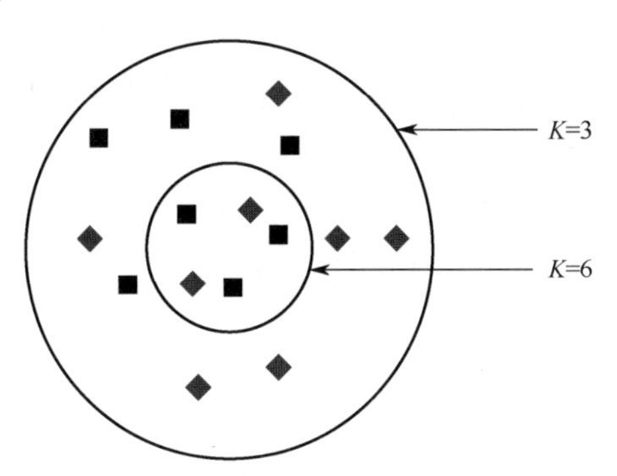

图 6.4　基于半径的最近邻算法示例

6.8 最近邻在生物特征识别中的应用

在本节中，我们将研究 NN 在指纹生物识别中的应用。NN 主要用于解决分类问题，因此，可用于对图像进行分类。指纹是最古老的生物特征形式之一，至今仍被广泛使用。假定每个人都拥有唯一的指纹。随着生物识别系统的日益普及，对于伪造指纹的检测正变得越来越重要。由于可轻易使用明胶、硅、木胶、纸张印刷品等手段伪造指纹，因此，重要的是开发安全的指纹检测系统，以有效区分伪造指纹与真实指纹。

从真实指纹中检测伪造指纹并非本章内容。相反，我们将专注于基于指纹模式的指纹分类。指纹比对在犯罪现场的检查中尤为重要。大多数刑事案件要求将指纹比对作为确定罪犯的标准之一。因此，调查部门拥有庞大的指纹数据库，其中包含已知罪犯和犯罪嫌疑人的指纹数据。因此，对整个数据库进行一对一匹配测试，以便查找可疑指纹是不切实际的，而这正是 NN 等分类算法可派上用场的领域。每个指纹图案都具有唯一的方向。采用不同的方法查找指纹方向，并使用 NN 算法查找可疑指纹所属的类。一旦确定类别，就可使用属于该特定类别的指纹样本检查是否完全匹配。

为开展实验，我们采用了 3M 公司制造的 CSD200 模型“无膜单指 Livescan 捕获设备”。从 10 个人中采集每个手指的指纹，从而共获取 100 枚指纹。特征点是指在脊线末端和脊线分叉处发现的局部脊线特征。指纹可看作是谷线（亮线）和交错的脊线（暗线）构成的图案。它们并行或可能分叉。脊线是指纹图像中可见的细线，两条脊线之间的空间称为谷线。在图像处理中，必须对细节具有清晰的了解，因为其可提供有关指纹所具有不同特征的详细信息。

尽管指纹存在许多通用和特定的类别，如图 6.5 所示，但此处我们仅考虑以下最突出的指纹图案：帐弓形、弓形、螺纹形、右环、左环和双环。根据脊线样式、核心点和三角点数量等，属于特定类别的指纹不同于其他类别不同。核心点是指指纹中循环的最内点，而三角点是指类似于希腊字母 Δ 的脊线。弓形没有核心点和三角点，而螺纹只有一个核心点，并且脊线以螺旋方式收敛。弓形具有一个或多个三角点。右循环和左循环都可单独拥有核心点，也可同时拥有一个核心点和三角点。图 6.6 所示为一个右环指纹，其中 o 表示核心，Δ 表示三角形。

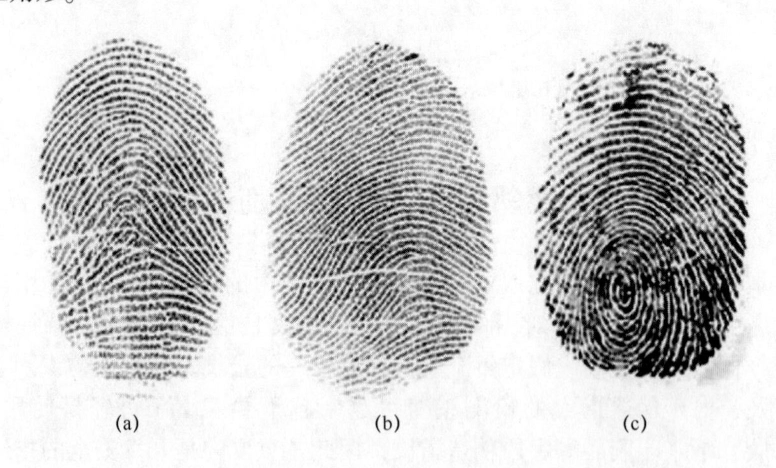

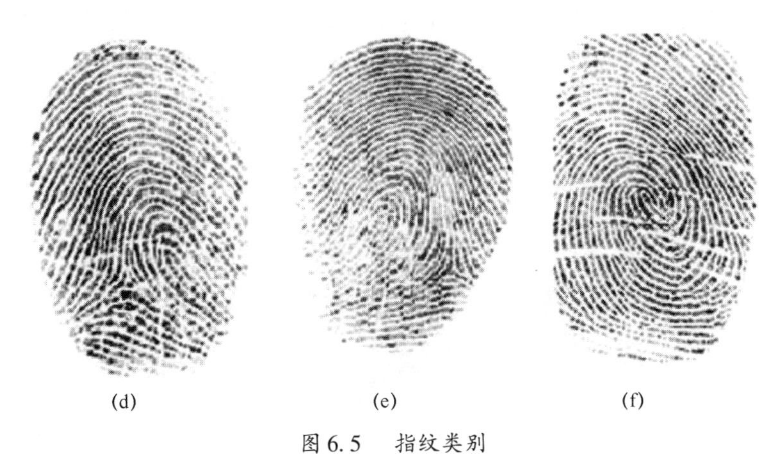

图 6.5　指纹类别

（a）帐弓形；（b）弓形；（c）螺旋；（d）右环；（e）左环；（f）双环。

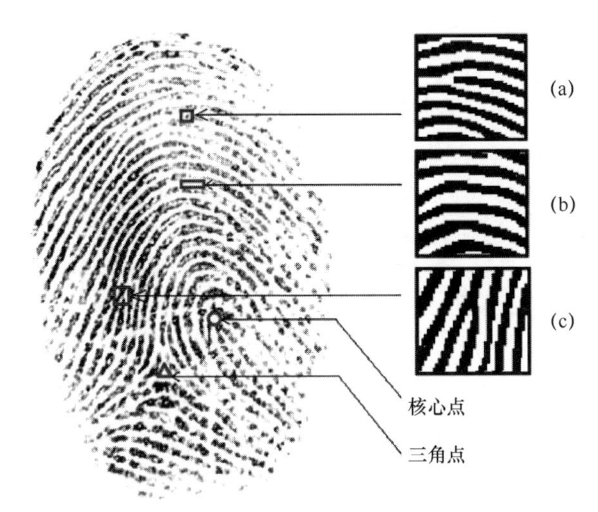

图 6.6　指纹特征

（a）脊线末端；（b）谷线；（c）脊线分叉。

图 6.7 所示为类别中的其他变化。图 6.7（a）中突出显示的矩形框所示为称为岛的指纹印刷特征，其为独立的直线型脊线；图 6.7（b）有两个核心点（用圆圈表示），类似于双环，但也有一个三角点（用三角形表示）；图 6.7（c）是螺纹形指纹，具有两个三角点和一个核心点。分类过程如图 6.8 所示。

Matlab 采用的函数 Level = grraythresh（*I*）计算输入图像 *I* 的全局阈值，该阈值随后用于将强度图像转换为二进制图像。im2bw（*I*，threshold_level）将

灰度图像 I 转换为二进制图像。必须将指纹图像转换为二进制图像，以便进行处理。其替换输入图像中的所有像素值，将大于特定阈值的像素值替换为 1（白色），并将所有其他像素值替换为 0（黑色）。

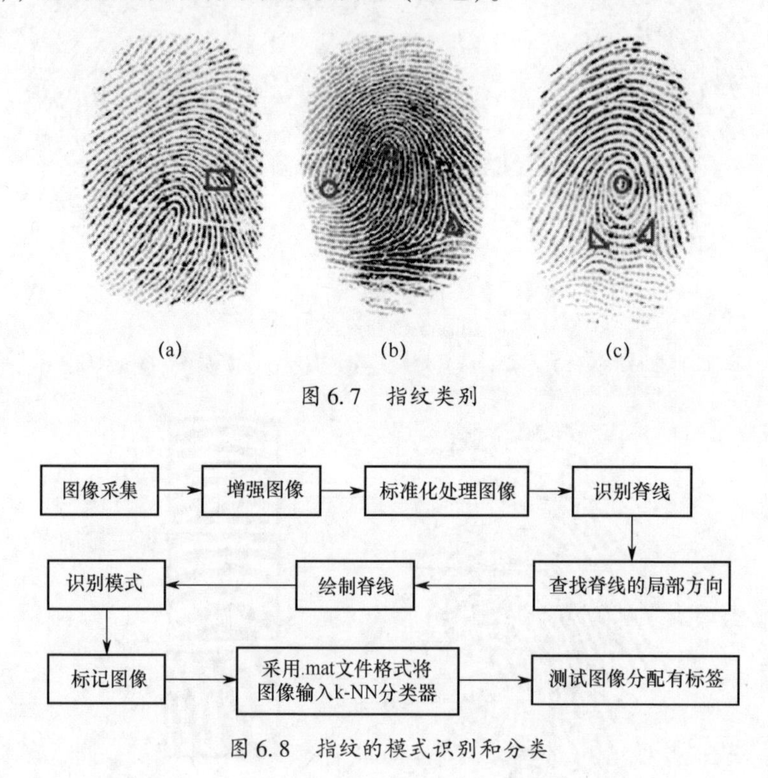

图 6.7　指纹类别

图 6.8　指纹的模式识别和分类

基本上，图像在 Matlab 中表示为 $m \times n$ 数组，其中数组的各单元代表像素值。graythresh 旨在最大程度地减少黑白像素的类内差异。为此，graythresh 采用 Otsu 方法。Otsu 阈值用于将灰度图像转换为单色图像。在单色图像中，各像素存储为单一的“0”或“1”位，而在灰度图像中，各像素存储为一个字节（“0”和“255”之间的任何值）。

二值化有助于改善脊线和谷线之间的对比度，从而促进有效提取特征。特征提取是指纹检测的重要部分，其特征提取完全取决于图像质量。为改善脊线的质量，可使用增强算法。使用增强算法的目的旨在提高指纹中脊线的清晰度，从而可提取必要的特征点。通过检查伪脊线确定增强算法的成功率，增强的伪脊线会得出无法从中推断出相关信息的指纹。

令 I 为定义为 $m \times n$ 阵列的灰度指纹图像，$I(i, j)$ 表示第 i 行第 j 列像素的强度。然后，将方向图像 O 定义为 $m \times n$ 阵列，其中 $O(i, j)$ 是第 i 行第 j

列像素的局部脊线方向。

定向过滤器可用于增强指纹图像，从而在一定程度上减少伪脊线的产生。首先，将指纹图像标准化处理为均值和方差的期望值。旨在重新缩放图像，使最小值为0，最大值为1。

通过归一化对图像中的强度值进行标准化处理。调整灰度值，使其位于所需值范围内。令 $N(i, j)$ 代表像素 (i, j) 处的归一化灰度值，$I(i, j)$ 代表像素 (i, j) 处的灰度值，M 和 V 为估计均值和方差，M_0 和 V_0 分别是期望的均值和方差。然后通过下式获得归一化图像：

$$N(i,h)=\begin{cases}M_0+\sqrt{\dfrac{V_0\ (I(i,j)-M)^2}{V}}, I(i,j)>M\\ M_0-\sqrt{\dfrac{V_0\ (I(i,j)-M)^2}{V}},\text{其他}\end{cases}$$

均值和方差由下式确定：

$$M(I)=\frac{1}{b^2}\sum_{i=\frac{-b}{2}}^{\frac{b}{2}}\sum_{j=\frac{-b}{2}}^{\frac{b}{2}}I(i,j)$$

$$V(I)=\frac{1}{b^2}\sum_{i=\frac{-b}{2}}^{\frac{b}{2}}\sum_{j=\frac{-b}{2}}^{\frac{b}{2}}(I(i,j)-M(I))^2$$

式中：I 是图像；(i, j) 是像素位置；b 是块大小（在下一节中详细说明）。

在识别脊线区域后，确定脊线的方向。为计算图像的脊线方向，首先将其划分为 $b\times b$ 个不重叠的块，然后为各块找到单个局部脊线方向。仅当该块的标准偏差高于设置的阈值时，该块才被视为图像的一部分。此处，采用最小均方估计算法确定与指纹图像相对应的方向图像。该算法包括以下步骤。

（1）将图像 I 分成 $b\times b$ 个不重叠的块。

（2）计算 (i, j) 块上各像素的梯度 $\partial_x(i, j)$ 和 $\partial_y(i, j)$。有助于估计梯度方向，并最终绘制出脊线方向。

（3）现在，通过固定中心像素 (i, j)，估计各块 b 的局部方向。绘制指纹图像的方向后，为其分配标签（1～6 的任何数字）。例如，1 为左环的标签，2 为右环的标签，依此类推，且

$$L_x(i,j)=\sum_{u=i-\frac{b}{2}}^{i+\frac{b}{2}}\sum_{v=j-\frac{b}{2}}^{j+\frac{b}{2}}2\partial_x(u,v)\ \partial_y^2(u,v)$$

$$L_y(i,j) = \sum_{u=i-\frac{b}{2}}^{i+\frac{b}{2}} \sum_{v=j-\frac{b}{2}}^{j+\frac{b}{2}} (\partial_x^2(u,v)\, \partial_y^2(u,v))$$

$$\theta(i,j) = \frac{1}{2} \text{arrctan}\left(\frac{L_y(i,j)}{L_x(i,j)}\right)$$

式中：$\theta(i,j)$ 是以 (i,j) 为中心像素的块中局部脊线方向的最小二乘估计；L_x、L_y是各块中脊线的方向。

6.8.1 强力破解分类算法

我们将阐述如何使用强力方法对指纹进行分类。我们的目标是通过强力方法标记未知的传入测试指纹图像 I_{test}。

第一步是创建训练数据集，其中包含带有适当类标签的图像 I_{train}。我们将图 6.9 所示的图像作为测试图像 I_{test}，用于分配适当的标签。

通过使用 Matlab 中的工具 imcrop 对图像 $f \times f$ 进行适当的裁剪，使得 $f < \min\{m, n\}$，其中 m 和 n 是图像的实际尺寸。这样做是为了使我们获得统一大小的训练和测试图像，如图 6.10 所示。二值化后的图像如图 6.11 所示。

图 6.9 测试指纹图像

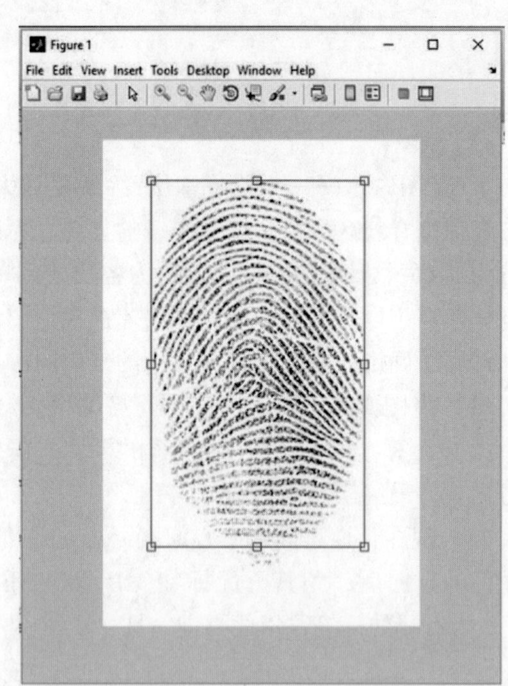

图 6.10 选择待裁剪的图像

脊线方向如图 6.12 所示。在完成实验的同时，识别出具有不同图案的图像，图 6.13 ~ 图 6.17 所示为图像及其相应二值图像和脊线方向。

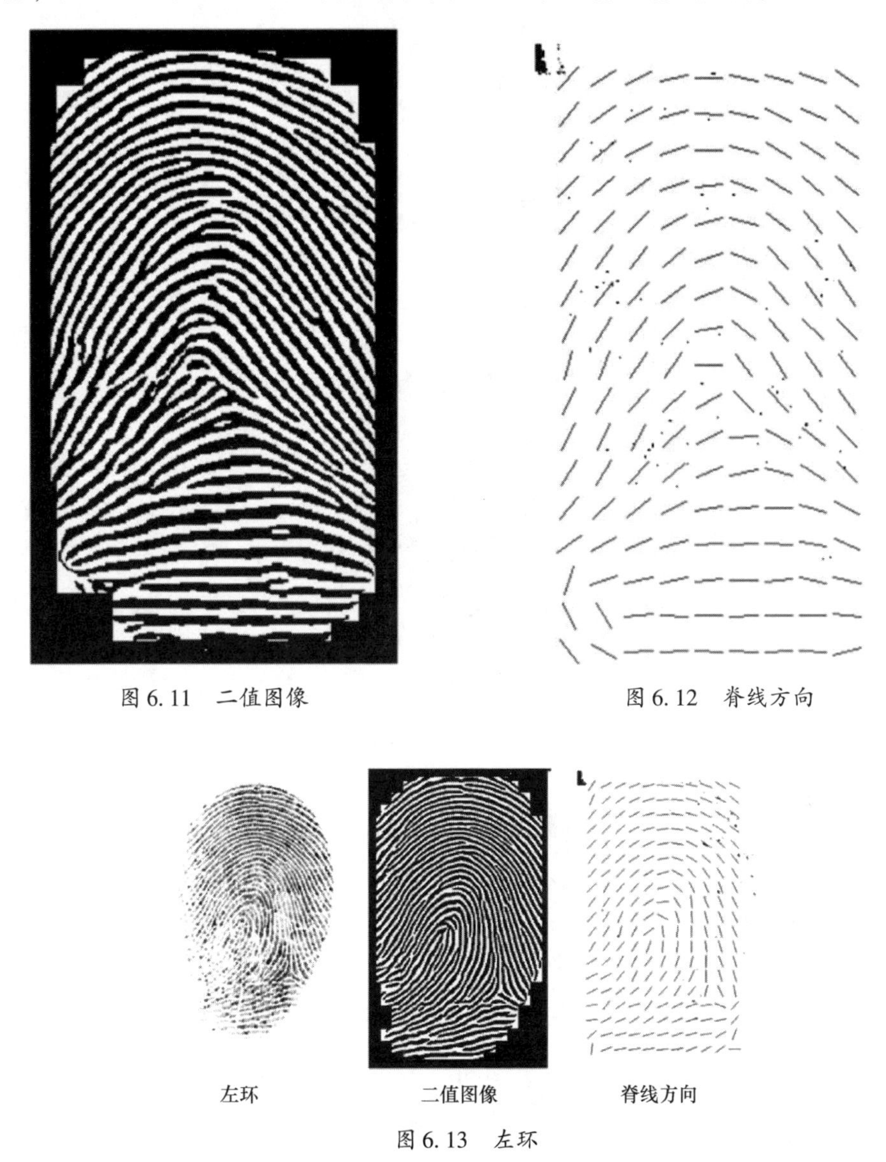

图 6.11　二值图像

图 6.12　脊线方向

左环　　二值图像　　脊线方向

图 6.13　左环

一旦获得对应于 I_{train} 和 I_{test} 的脊线方向图像，对图像进行进一步的裁切，确保核心点保持在中心。对于没有核心点的图像（如弓形类），可跳过此步骤。与新的方向图像集相对应的数组为多维特征向量，用于查找最近邻。为标

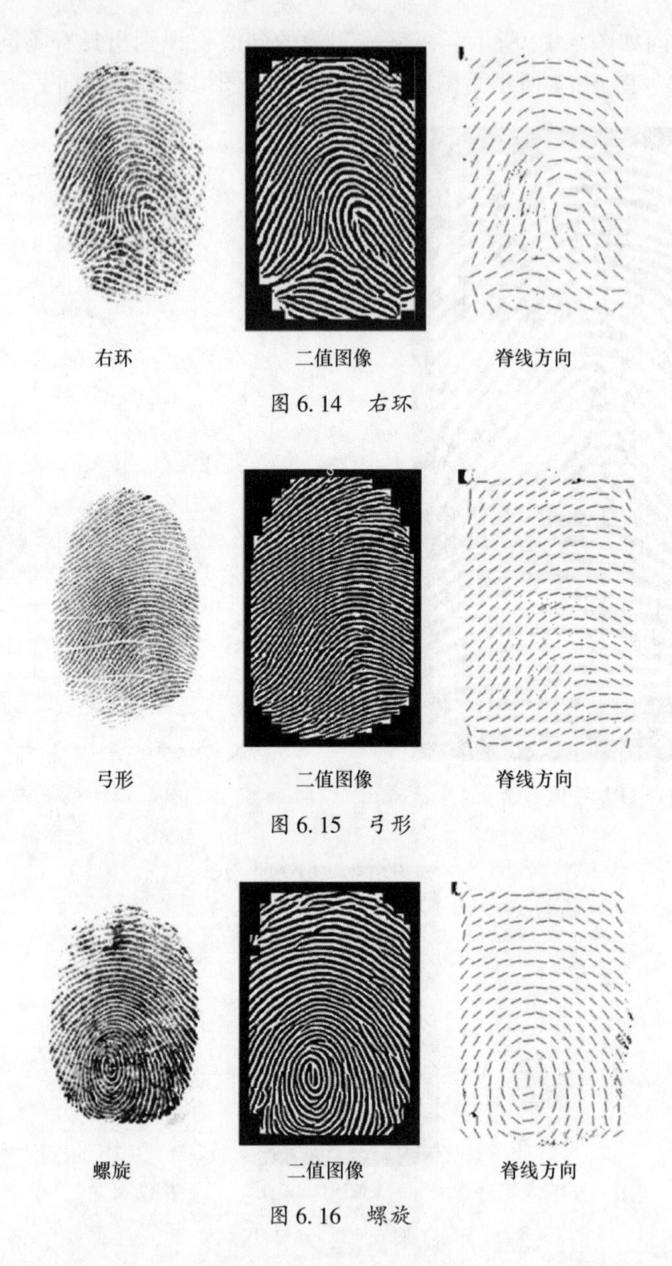

图 6.14　右环

图 6.15　弓形

图 6.16　螺旋

记训练图像，我们通过视觉观察，将其分配给各 I_{train}。为找到 I_{test} 的最近邻，计算 I_{test} 与训练图像集中各 I_{train} 之间的距离。欧几里得、马哈拉诺比斯等距离计算函数都可用于测量 I_{test} 和 I_{train} 相应像素之间的距离。I_{test} 分配至最接近 I_{train} 的大多数类别。

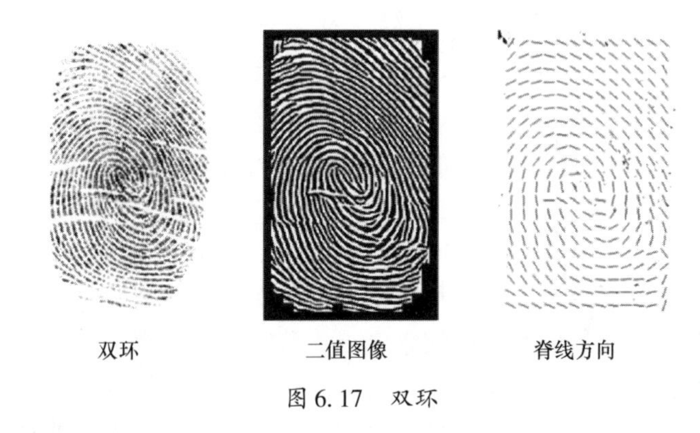

图 6.17　双环

6.8.2　最近邻算法的最新应用

随着物联网设备数量的增加，重放攻击、DoS 攻击、虚假路由信息攻击等攻击数量也越来越多。最近邻可以用于对 IDS 进行建模，检测无线传感器网络中的入侵。

可通过提取各种特征完成 Android 恶意程序检测，如权限、API 调用、CPU – RAM 使用情况、系统调用等。其中，使用核级 API 调用进行的恶意程序检测是最有效的技术之一。捕获的动态 API 调用存储在 CSV 文件中。计算与特定应用程序（可能是恶意软件或善意软件）相对应的 API 调用最近邻，有助于识别行为相似的样本。然后可将所得的数据集用于训练最近邻分类算法。

监视能耗并分析能耗数据特征，识别攻击类型，可用来检测针对 IoT 设备的攻击。从正常运行的设备和受攻击设备中收集能耗数据，时间约为 2h。由于捕获的信号太嘈杂，因此，可使用任何适当的滤波，在滑动时间窗中获得清晰的信号。

对于各窗口信号而言，可提取的特征为最小值和最大值、累积和及快速傅里叶变换（FFT）实数部分。然后可使用最近邻算法区分特征分布，从而为分类准备数据集。

最近邻可用于过滤来自合法邮件中的垃圾邮件，因为事实证明其具有较高的 F 评分。特定的单词和短语集可协助识别垃圾邮件。实践证明与传统的距离计算方法（如欧几里得距离）相比，在用作距离量度时，斯皮尔曼的相关系数具有更高的准确性。通过找到测试数据集中最接近某点的邻，并为该文本点分配其最近邻的类别，可确定其类别。可从 UCI 机器学习存储库下载用于该用途的数据集。最近的研究还表明，最近邻可与深度学习结合使用，增强最近邻算法抵抗对抗性攻击的鲁棒性。

6.9 结　论

指纹分析是法医学史上非常重要的技术之一。在网络安全领域中，脸部、手掌、虹膜、指纹或手指静脉都在身份验证方面发挥着至关重要的作用。通过模仿未经授权访问是最大的安全问题之一。尽管人们相信生物特征认证系统很难破解或干扰，但是通过欺骗此类系统以便在未经授权的情况下进行访问的比率也在增加。这正是机器学习技术发挥作用的领域。可使用各种机器学习技术帮助系统学习并使之具有决策能力。如前所述，最近邻技术是一种分类加回归技术。

第 7 章　降维和人脸识别

7.1　简　　介

降维用于减少所考虑的特征数量，其中各特征都是部分代表数据对象的维度。降维方法可在将数据从较高维度映射到较低维度时，确保所有相关信息保持完整。如果添加更多特征，则维数会增加，从而导致数据集非常稀疏，并且分析可能会遭到维数诅咒。此外，处理较小的数据集更加容易和有效。可使用以下两种不同的方法进行降维。

（1）特征选择。从现有特征中选择重要特征。

（2）特征提取。从现有特征中提取新特征。

数学降维方法包括扩散图（DM）、主成分分析（PCA）和随机投影（RP）。在本章中，我们将重点介绍 PCA。PCA 用于降低网络安全领域中所面临的问题复杂度，如多模式生物识别、人脸识别、异常检测、入侵检测等。它是用于识别高维数据模式的最常见机制之一。

7.2　关于主成分分析

作为流行的降维技术之一，PCA 旨在找到位数 m 小于数据集维数 n 的线性子空间，以便数据点主要位于该线性子空间中。PCA 旨在找到最佳的线性变换，以便降低维数，将信息损失降至最低，同时又保持数据的大部分可变性。丢失信息可能被视为噪声，其对于我们建模的尝试没有实际帮助。最终输出为一个维数较小的子空间，其试图保持数据中的大部分不均匀性。我们可使用“主要成分”定义线性子空间，“主要成分”是基于 m 个正交向量的新形成坐标系。主成分不能超过 n 个，因为其为原始数据点的线性变换并且是正交的。

PCA 旨在近似 $m<n$ 个主成分，以便近似原始数据点所跨越的空间。确定主成分，以便对于给定的一组数据点 $Z=\{z_1,z_2,\cdots,z_t\}$，m 个主成分是在投影下保留的方差最大的正交向量。

假设所有居中的观测值堆叠在 $n\times t$ 矩阵 $\boldsymbol{X}=\boldsymbol{Z}-\bar{\boldsymbol{Z}}$ 的列中，其中每列对应

一个 n 维观测值，并且有 t 个观测值。协方差矩阵 $\boldsymbol{XX}^{\mathrm{T}}$ 的 m 个主导（归一化）特征向量 $\boldsymbol{U}=\{U_1,\cdots,U_m\}$ 确定前 m 个主成分。PCA 的另一个优点是：投影到主子空间上可最大限度地减小平方误差。

7.2.1 PCA 算法

PCA 算法如下。

（1）计算主成分。计算 $\boldsymbol{XX}^{\mathrm{T}}$，其中 $\boldsymbol{X}=\boldsymbol{Z}-\overline{\boldsymbol{Z}}$，并且 $\boldsymbol{Z}$ 为训练数据矩阵。令 $\boldsymbol{U}=\{U_1,\cdots,U_m\}$ 为对应于前 m 个特征值的 $\boldsymbol{XX}^{\mathrm{T}}$ 特征向量。

（2）对训练数据进行编码。计算 $\boldsymbol{Y}=\boldsymbol{U}^{\mathrm{T}}\boldsymbol{X}$，其中 $\boldsymbol{Y}$ 是原始数据编码的 $m\times t$ 矩阵。

（3）重建训练数据：$\widetilde{\boldsymbol{X}}=\boldsymbol{UY}$。

（4）编码测试数据：$\boldsymbol{y}=\boldsymbol{U}^{\mathrm{T}}\boldsymbol{x}$。

（5）重建测试数据：$\widetilde{\boldsymbol{x}}=\boldsymbol{Uy}$

7.2.2 捕获变量

为捕获尽可能多的变量，我们选择第一个主成分 $\boldsymbol{U}_1$，以便获得最大方差。令第一个主成分为系数（或权重）$\boldsymbol{w}=[w_1,\cdots,w_n]$ 定义的 $\boldsymbol{X}$ 线性组合。矩阵形式为

$$\boldsymbol{U}_1=\boldsymbol{w}^{\mathrm{T}}\boldsymbol{X}$$

$$\mathrm{var}(\boldsymbol{U}_1)=\mathrm{var}(\boldsymbol{w}^{\mathrm{T}}\boldsymbol{X})=\boldsymbol{w}^{\mathrm{T}}\boldsymbol{S}_w \tag{7.1}$$

式中：$\boldsymbol{S}$ 为 $\boldsymbol{X}$ 的 $n\times n$ 样本协方差矩阵。显然，通过增大 $\boldsymbol{w}$ 的大小，可无限增大 var（$\boldsymbol{U}_1$）。因此，我们选择 $\boldsymbol{w}$ 使 $\boldsymbol{w}^{\mathrm{T}}\boldsymbol{S}w$ 达到最大值，同时限制 $\boldsymbol{w}$ 为单位长度。即存在优化问题：

$$\boldsymbol{w}^{\mathrm{T}}\boldsymbol{S}_w \text{ 最大值应确保 } \boldsymbol{w}^{\mathrm{T}}\boldsymbol{w}=1$$

为解决该优化问题，引入了拉格朗日乘数 a_1，即

$$L(\boldsymbol{w},\alpha)=\boldsymbol{w}^{\mathrm{T}}\boldsymbol{S}_w-\alpha_1(\boldsymbol{w}^{\mathrm{T}}\boldsymbol{w}-1) \tag{7.2}$$

对 $\boldsymbol{w}$ 求微分，获得 n 个方程：

$$\boldsymbol{S}_w=\alpha_1\boldsymbol{w} \tag{7.3}$$

两边预先乘以 $\boldsymbol{w}^{\mathrm{T}}$，得到

$$\boldsymbol{w}^{\mathrm{T}}\boldsymbol{S}_w=\alpha_1\boldsymbol{w}^{\mathrm{T}}\boldsymbol{w}=\alpha_1 \tag{7.4}$$

因此，如果 α_1 是 $\boldsymbol{S}$ 的最大特征值，则 var（$\boldsymbol{U}_1$）达到最大值。显然，α_1 和 $\boldsymbol{w}$ 是 $\boldsymbol{S}$ 的特征值和特征向量。对拉格朗日乘数 α_1 求微分获得以下约束：

$$w^{T}w = 1 \tag{7.5}$$

表明第一主成分由归一化特征向量确定，并带有样本协方差矩阵 S 的最大相关特征值。类似的论点表明，协方差矩阵 $\boldsymbol{S}$ 的 d 个主要特征向量确定前 d 个主成分。

7.2.3 平方重构误差

PCA 的另一个特性是，投影到主子空间上可最大限度地减少平方重构误差 $\sum_{i=1}^{t} \|x_i - \widetilde{x}_i\|^2$。换句话说，对于所有秩 $d \leqslant n$，R^n 中的一组数据的主成分确定了该数据的最佳线性近似序列。考虑秩 d 线性近似模型为

$$f(y) = \bar{x} + \boldsymbol{U}_y \tag{7.6}$$

这是秩 d 的超平面参数表示。为方便起见，假设$\bar{x}=0$（否则，观测值可简单地替换为其居中版本）。在这种假设下，秩 d 的线性模型将为 $f(y) = \boldsymbol{U}_y$，其中 $\boldsymbol{U}$ 为以 d 个正交单位向量为列的 $n \times d$ 矩阵，而 y 是一组参数。通过最小二乘法将模型拟合到数据可最大限度地减小重构误差：

$$\sum_{i}^{t} \|x_i - U_{yi}\|^2 \tag{7.7}$$

通过对 y_i 进行局部优化，我们得出 $y_i = \boldsymbol{U}^{T} x_i$。可通过下式获得正交矩阵 $\boldsymbol{U}$，即

$$\min_{\boldsymbol{U}} \sum_{i}^{t} \|x_i - \boldsymbol{U}\boldsymbol{U}^{T} x_i\|^2 \tag{7.8}$$

定义 $\boldsymbol{H} = \boldsymbol{U}\boldsymbol{U}^{T}$。$\boldsymbol{H}$ 是一个 $n \times n$ 矩阵，其用作投影矩阵并将各数据点 x_i 投影到其秩 d 重构中。换言之，$\boldsymbol{H}x_i$ 是 x_i 在 $\boldsymbol{U}$ 的列所跨越的子空间上的正交投影。通过找到 $\boldsymbol{X}$ 的奇异值分解（SVD）可获得唯一解 $\boldsymbol{U}$。$\boldsymbol{U}$ 的解可表示为 $\boldsymbol{X} = \boldsymbol{U}\boldsymbol{\Sigma}\boldsymbol{V}^{T}$ 的奇异值分解，因为 $\boldsymbol{U}$ 在 SVD 中的列包含 $\boldsymbol{X}\boldsymbol{X}^{T}$ 的特征向量。

为应用 PCA，所有数据点需要预先进行处理，以便计算投影。如果数据集很大，该操作的成本将很高。在此类情况下，需要 PCA 的非自适应替代方案，该方案在实际使用数据之前先选择投影。将数据投影到随机子空间上是一种有效的简便方法。特别是，如果数据点为 $x_1, x_2, \cdots \in R^n$，我们可通过将数据与随机矩阵 $\boldsymbol{A} \in R^{m \times n}$ 相乘以获得 $Ax_1, Ax_2, \cdots \in R^m$，从而获得随机投影。

7.3 压缩感知

压缩感知是一种降维技术，其假定原始变量是稀疏的。其同时获取和压缩数据，从而产生可压缩 x 而不会丢失信息的随机线性变换。如果信号可通过较

少的系数表示（与信号维数相比），而又不会丢失或几乎不丢失任何信号信息，则称为稀疏或可压缩信号。通过此类系数表示数据的方法称为稀疏近似，其为利用信号稀疏性和可压缩性（包括 JPEG、MPEG 和 MP3 标准）的变换编码方案奠定了基础。考虑一个最多具有 s 个非零元素的变量 $x \in R^d$，即

$$\|x\|_0 \overset{\text{def}}{=} |\{i : x_i \neq 0\}| \leqslant s \tag{7.9}$$

可借助 s（索引，值）对表示 x，从而对其进行压缩。由于可从 s（指标，值）精确地重构 x，因此此类压缩完全无损。压缩感知的主要前提如下。

（1）如果由 $x \to \boldsymbol{W}x$ 压缩，则可完全重建稀疏信号，其中 $\boldsymbol{W}$ 是满足称为受限等周特性（RIP）条件的矩阵。满足此属性的矩阵对任何稀疏可表示向量的范数具有较低的失真。

（2）可求解线性程序，计算多项式时间的重构。

（3）如果 n 大于 $s\log d$ 的阶数，则随机 $n \times d$ 矩阵很可能满足 RIP 条件。

7.4 核主成分分析

我们已看到 PCA 能够转换线性可分离数据。由于在大多数情况下，现实世界中的数据是非线性的，因此，我们可能需要将此类数据转换为更高维度的平面。核主成分分析利用核技巧在更高维度空间中找到主成分。核主成分分析是主成分分析的非线性版本。

通过映射到线性子空间，主成分分析可用于仅对高维数据中的线性变化进行建模。但是，在许多情况下，数据集具有非线性性质。在此类情况下，高维数据位于非线性流形上或附近而非线性子空间上，因此，主成分分析无法正确建模数据。核主成分分析旨在解决非线性降维问题。在核主成分分析中，通过使用核，可在高维特征空间中有效计算主成分。核主成分分析通过在非线性映射生成的空间中执行主成分分析查找与输入数据非线性相关的主成分，在该空间中更容易发现低维潜在结构。

7.5 主成分分析在入侵检测中的应用

入侵检测系统（IDS）的两种主要方法为异常检测和签名检测。异常检测依赖于异常的标记行为，而签名检测依赖于与某些已知入侵签名模式接近的标记行为。在签名检测中，通过构建攻击签名数据库，对入侵模式进行建模。与数据库签名相匹配的传入入侵模式被标记为攻击。在检测紧密匹配时，采用一系列相似性措施。在异常检测中，对系统正常行为进行建模，并将与正常行为

模式不同的传入入侵模式标记为攻击。

IDS 可基于网络，也可基于主机。在单个主机上运行的基于网络的 IDS 负责整个网络或某个网段，而基于主机的 IDS 仅负责其所在的主机。

使用 PCA 检测网络流量异常的优势之一在于其能够直接在输入特征向量空间上进行操作，而无须将数据转换为另一输出空间。

7.6 生物识别

随着当今技术深入到现代生活的各个角落，对个人数据的保护变得越来越重要。此外，网络安全漏洞和身份盗用的增加也表明需要实施更加有效的身份验证机制。这为基于生物特征的身份验证技术的出现和快速发展奠定了基础，这是一种有效的个人身份验证方法。通过针对生理或行为数据应用统计分析技术，生物识别技术将我们的身体视为自然识别系统。

使用生物识别技术进行人员识别和认证源于巴比伦时代。在 19 世纪，一种称为贝迪永人体测量法的方法使用人体测量学识别罪犯。后来，警察开始使用由苏格兰场的 Richard Edward Henry 开发的指纹识别技术。随后，基于面部、虹膜、声音等不同生物特征的生物认证和识别技术也出现快速发展。但是，自动化生物识别系统刚刚问世数十年。现在，我们正处于生物识别技术领域的变革性时代，正在进行广泛的研究和产品开发，以便充分利用该技术的全部潜在优势。

生物识别技术用于测量生理或行为信息以验证个人身份，因此其准确可靠。生理特征涉及人体的可见部分，其中包括指纹、手指静脉、视网膜、手掌几何形状、虹膜、面部结构等。行为特征取决于人的行为，其中包括声纹、签名、输入模式、击键模式、步态等。

生物识别系统是一种模式识别系统，其获取个人生物数据，提取特征集并将该特征集与数据库中存储的模板集进行对比。任何生物识别系统都涉及两个不同的阶段，即注册（登记）和验证（认证）。在注册阶段，将收集用户的生物数据以供将来进行对比，并将收集的生物数据（生物模板）存储在数据库中。在验证阶段，用户将他/她的生物数据模板提供给系统，并且系统将该模板与用户在数据库中的相应模板进行对比。验证过程旨在确定某人所声称的身份。如果确定匹配，将为用户提供权限或有关系统或服务的访问授权。在进行人员识别时，需要对照查询生物特征模板搜索整个数据库。由于模板可能属于数据库中的任何人，因此需要检查一对多匹配。身份识别系统的典型代表之一是自动指纹识别服务（AFIS），许多执法机构使用该服务识别和跟踪已知罪犯。

用于识别或鉴定生物学特性应可量化或可测量，因为仅能对可量化特征进行比较，以便获得布尔结果（匹配或不匹配）。通用生物识别系统中的不同组件包括传感器或数据采集模块、预处理和增强模块、特征提取模块、匹配模块以及决策模块。数据获取模块将负责捕获用户的生物特征，以便进行身份验证，并且在大多数情况下，捕获的数据将采用图像形式。为了在预处理阶段进行更好的匹配，需要提高所获取的生物数据质量。然后，在特征提取阶段，从增强的生物数据中提取显著特征。生成的特征模板存储在数据库中，用于在未来的匹配阶段中与查询生物特征模板进行比较。最终将由决定模块根据所获得的匹配评分做出比较决定。

目前，基于生物特征的身份验证或个人识别广泛应用于我们生活中的各个方面。与传统的访问控制方法（如密码或令牌）相比，生物识别系统在许多方面都具有明显的优势。主要包括以下几方面。

(1) 生物识别系统基于一个人是谁或一个人做了什么，而不是基于一个人知道什么（密码、PIN）或一个人拥有什么（令牌、智能卡）。

(2) 生物识别使用生理或行为特征开展身份验证；其具有独特性和准确性，而且人的生物特征相对难以进行复制。

(3) 难以窃取生物数据并重新使用。用户无须记住密码，并且由于无法共享生物特征，可最大程度地减少伪造情况的发生。

从指纹、虹膜、静脉、面部等各种生物特征中选择适于设计生物识别系统的性状非常重要。通常，根据目标应用的性能要求以及生物特征性状的不同方面进行选择。在设计生物识别系统时，需要分析生物特征性状的不同特征，并且需要评估特定的指标。

基于不同生物特征性状的生物识别系统在测量人类特征或行为方面存在差异。此类系统中嵌入了一种变化度量，可用技术语言将其翻译为误拒绝（I类）错误和误接受（II类）错误。误拒绝会导致失败，而误接受会导致欺诈的发生。容错设置对于系统性能至关重要。

除性能指标外，在确定将在特定应用中使用的适当生物特征性状前，还需要分析生物特征性状的一些重要特征。需要考虑生物特征性状的不同特征如下。

(1) 唯一性。所选的性状在个体之间应具有充分的独特性。

(2) 普遍性。几乎所有个人应都拥有所选性状。

(3) 持久性。所选性状应在足够长的时间内保持不变。

(4) 安全性。从计算上而言，攻击者将难以模仿所选性状。

（5）类别间/内部表现。类别间模板（两个不同个体的模板）之间应具有充分的差异。类别内模板（同一个人的模板）应仅具有最低限度的差异。

（6）可收集性。应易于从用户收集所选性状的生物特征模板。

（7）可接受性。目标人群应愿意向生物识别系统显示所选的生物识别模板，并且系统的用户界面应尽可能简单。

（8）成本。可处理所选性状的系统基础设施成本和维护成本应保持在最低水平。

对于安全性和成本，值越低越好，而对于其他特征，则值越高越好。

7.7 人脸识别

脸部是最常用的生物特征识别方法之一。由于远距离自动身份识别可广泛用于各种安全应用，人脸识别或面部生物识别技术已受到研究人员的广泛关注。与其他生物特征性状（如掌纹、虹膜、指纹等）相比，面部生物特征为非侵入性的。甚至可在用户不知情的情况下进行认证，还可将其用于基于安全的应用程序，如犯罪识别、面部跟踪、机场安全和监视系统。

人脸识别涉及从视频或图像中捕获人脸图像。然后将捕获的图像与数据库中存储的图像进行比较。面部生物特征识别包括训练已知图像，将其分类为已知类别，然后存储到数据库中。将测试图像提供给系统后，进行分类并与数据库中存储的图像进行比较。由于存在各种问题，如头部姿势变化、照明变化、面部表情、衰老、配饰影响等，面部生物识别技术是一个具有挑战性的研究领域。

自动人脸识别涉及人脸检测、特征提取和人脸识别。人脸识别算法大致分为两类：基于图像模板和基于几何特征。基于模板的方法将计算面部和一个或多个训练模板之间的相关性，以便确定面部特征。使用主成分分析（PCA）、线性判别分析（LDA）、核方法等构造人脸模板。基于几何特征的方法使用显式局部特征及其几何关系。轮廓波和脊波等多分辨率机制对于分析图像的信息内容非常有用。曲线波变换用于纹理分类和图像降噪。

7.8 主成分分析在人脸识别中的应用

在本节中，我们将了解如何使用 PCA 减少面部特征，从而最大限度地缩短面部识别所需时间的基础知识。实践证明，PCA 是一种可用于面部图像的有效降维技术。对于具有相互关联的多个变量的特征向量，PCA 可以降低其维数。

面部检测是一种计算机视觉技术，可确定人脸的位置和大小，其旨在仅识别面部特征。面部识别将识别先前已知/未知面孔，并确定该面孔主人。在此过程中，其将在数据库中搜索面部图像以查找匹配数据。

7.8.1 面部图像的特征脸

PCA 的目标之一是减小图像数据库的大小。虽然降维间接暗示信息丢失，但是主成分（最佳特征）决定最佳的低维空间。

PCA 是一种降维技术，其主要目标是将面部表示为一组基础图像的线性组合。考虑一个包含总共 t 个图像的训练数据集。然后使用 PCA 减少各图像的维数。为执行降维操作，PCA 使用正交变换将包含 t 个图像的集合转换为 m 个不相关的变量集，称为特征脸。在所有训练图像中，第一个特征脸始终具有最主要的特征。每个后续特征脸将显示下一个最相关的特征，依此类推。因此，仅选择最初的几个特征脸，并丢弃其余的特征脸。为易于计算特征脸，首先减小原始训练数据集的大小。

特征脸描述了训练图像中最相关的特征。因此，我们可得出结论，各训练脸都是由 m 个特征脸按比例组成的。比例是与特定训练脸各特征脸的相关权重。有助于重建特定面部图像与各特征脸相对应的权重组合称为该图像权重。通过计算测试图像所对应的权重向量与适当训练脸权重向量之间的最短距离进行面部识别。

7.8.2 人脸识别的 PCA 算法

下面将讨论如何减少面部图像特征。如前所述，我们的目标是采用特征脸的线性组合表示面部图像。

假设识别未知的面部图像。现在，该图像也可根据所选特征脸进行表示。我们计算测试图像（即未知图像）的权重指标，然后找到其与训练集中各图像所对应的权重向量之间的距离。如果距离高于特定阈值，则识别出未知面部。PCA 特征脸的要求如下。

（1）图像中的各像素被视为单独的维度。因此，大小为 $n \times n$ 的图像将具有 n^2 个维度。

（2）训练集中所有面部图像的大小应相同。因此，仅具有随机大小 $r \times s$ 的图像大小都被转换为 $n \times n$。

（3）PCA 不能直接应用于图像，因此需要将其转换为向量。即将大小为 $n \times n$ 的测试图像转换为大小为 n^2 的向量。

例如，考虑一个大小为 4×5 的图像。在图 7.1 中，我们可以看到一个 4×5 的图像已转换为 20 维向量。该图像可视为 20 维空间中的一个点。

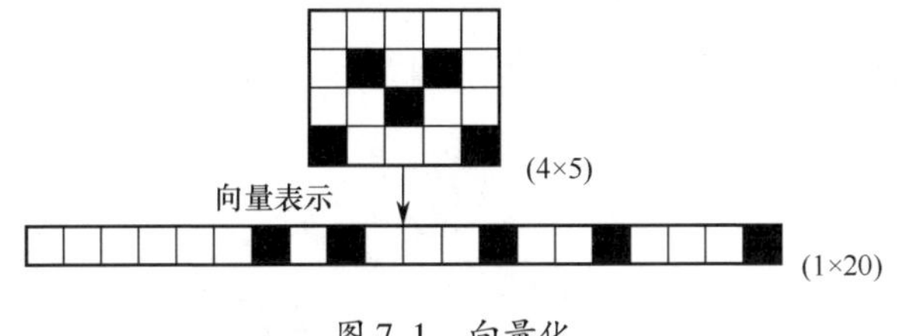

图 7.1　向量化

令 t 为训练集中的面部总数，并使各图像在向量化后的大小为 n^2。现在，我们可创建维度为 $n^2 \times t$ 的矩阵 $\boldsymbol{A}$，每列对应于各图像向量。令 I 为训练数据集，其中 $I = (I_1, I_2, \cdots, I_t)$。然后 $A = [I_1\ I_2 \cdots I_t]$。

7.9　实验结果

为进行论证，我们拍摄了属于同一人的 6 个面部图像作为训练数据。图 7.2所示为包括同一测试人员的 6 个等维面部图像的数据集。

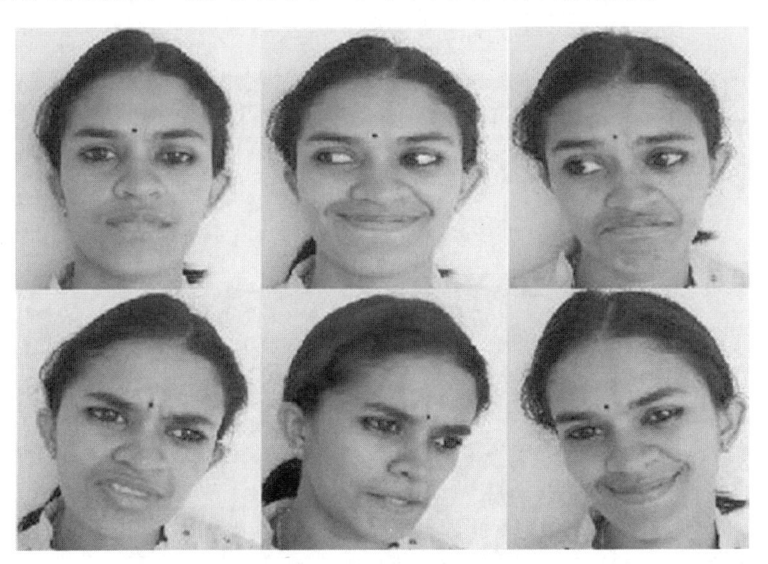

图 7.2　训练数据集

归一化的第一步是计算平均值 $\bar{I}$，也称为平均面部向量。其由下式进行计算：

$$\bar{I} = \frac{1}{t}\sum_{i=1}^{t} I_i \tag{7.10}$$

平均脸如图 7.3 所示。其描绘了数据集中所有训练图像的平均特征，并且我们通过归一化删除了整个训练图像集的所有共同特征。

图 7.3　平均脸

下一步是从平均面部图像向量中减去各原始图像（图 7.4），即

$$\tilde{I} = I_i - \bar{I} \quad (i = 1,2,\cdots,t) \tag{7.11}$$

图 7.4　从各训练脸中减去平均脸

协方差矩阵的目的是显示任何数据集中的数据变化。令 $\boldsymbol{B}$ 为矩阵，各列

为对应于各训练图像的归一化面部参数 $\tilde{I}_i$，即

$$B = [\tilde{I}_1, \tilde{I}_2, \cdots, \tilde{I}_t] \tag{7.12}$$

则协方差矩阵 $\boldsymbol{C}$ 由 $\boldsymbol{C} = \boldsymbol{B}\boldsymbol{B}^{\mathrm{T}}$ 确定。由于 $\boldsymbol{B}$ 为 $n^2 \times t$ 矩阵，因此 $\boldsymbol{C}$ 是 $n^2 \times n^2$ 矩阵。

现在我们计算协方差矩阵的特征向量和特征值。从上一步开始，可得出协方差矩阵具有很大的维数。对于维数为 50×50 的图像，协方差矩阵的维数为 2500×2500。这意味着协方差矩阵具有 n^2 个特征向量。正如我们先前所述，我们的目标是生成 m 个相关特征脸（向量）。现在我们将尝试通过减少特征向量中的噪声以减小维数，为此，我们计算出协方差矩阵 $\boldsymbol{C} = \boldsymbol{B}^{\mathrm{T}} \times \boldsymbol{B}$。这使得协方差矩阵为 $t \times t$ 维。我们计算出改变后协方差矩阵中的 m 个最重要特征向量。在本例中，令新的协方差矩阵返回的特征向量数量等于 100。找到简化的特征向量后，我们将 100×1 维特征向量映射到 2500×1，以便节省计算时间。

将 $\boldsymbol{B}(n^2 \times t)$ 与低维空间（$t \times 1$）中的特征向量相乘，将得到原始维数（$n^2 \times 1$）中的特征向量。这将为我们提供更高维度的 m 特征脸。特征脸如图 7.5 所示。

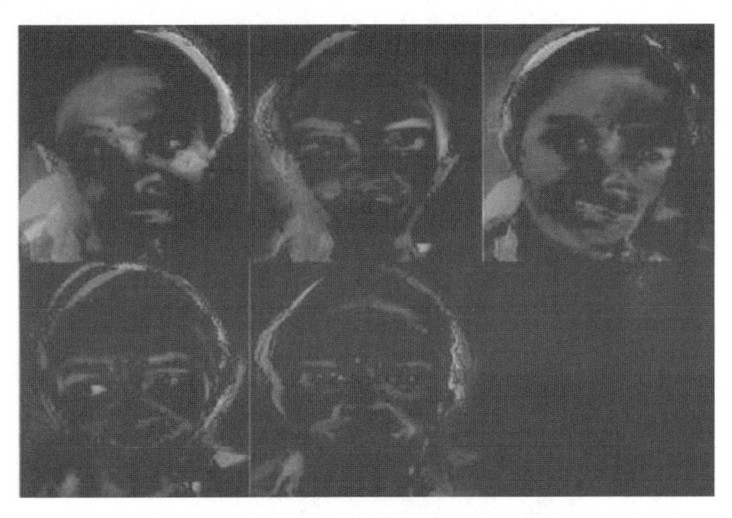

图 7.5　特征脸

7.10　结　　论

实践证明，生物识别一直是确保验证真伪的最有效技术之一。政府颁发给

印度所有公民的唯一身份证件 Aadhaar 最近也开始使用人脸识别进行验证。此外，目前 Aadhaar 系统还使用虹膜和指纹识别。

政治人物、名人和其他杰出人物经常沦为伪造的牺牲品。人脸识别可用于检测伪造的人脸（包括图像和视频），并使用特征缩减技术简化计算。实践证明，PCA 在人脸识别、检测和跟踪方面非常有效。

第 8 章　神经网络和面部识别

8.1　简　　介

深度神经网络又称为深度学习，是一种无监督机器学习技术，是对于具有多个隐藏层的神经网络的扩展。神经网络仅有一个隐藏层。引入深度学习旨在通过增加中间处理的数量，提高神经网络的效率，从而改善输出预测的准确性。人们对面部识别、视频监控、手写字符识别、语音识别以及其他计算机视觉活动（如自动驾驶汽车、IoT 设备等）等自动化任务的兴趣日益浓厚，促进了有关深度学习的大量研究。

本章我们将讨论是什么促使深度学习从之前所述的所有其他机器学习技术中脱颖而出。深度学习需要大量的训练数据对分类器进行训练，而其他机器学习技术可使用较少的训练数据有效地训练分类器。深度学习需要更多时间训练数据，并需要使用高性能 GPU。其他机器学习技术需要手动完成特征提取，但深度学习并不需要，从而提高了处理大数据的能力。深度学习是最佳的图像处理技术。自从深度学习问世以来，其不断获得改善，当前其已在各种任务（如图像处理、恶意程序检测、无人驾驶汽车等）中超过人类。在实时场景中，图像尺寸非常大，因此，必须使用机器学习技术进行识别和分类。

8.2　人工神经网络

具有多层隐藏层的人工神经网络（ANN）称为“深层神经网络”。为了解什么是深度学习，我们首先要了解简单神经网络的工作原理。

神经网络具有激活功能和一组权重。如果该组权重的范围为从任何正值到某个负值，则必须将所有权重转换为激活函数所限制的变化范围内。S 型函数可执行此类转换。该 S 型函数可通过下式确定：

$$\sigma(x) = \frac{1}{1 + e^{-x}} \tag{8.1}$$

S 型函数用于对权重和激活函数进行求和。如果 w_1，w_2，…，w_n 表示权重，而 a_1，a_2，…，a_n 表示激活函数，我们计算：

$$\sigma(w_1 a_1 + w_2 a_2 + \cdots + w_n a_n) \tag{8.2}$$

如果希望就激活函数禁用某个特定的神经元（或不发光），则我们可能需要某个偏差。偏差将确定神经元是否活动。简言之，第一层中的权重决定了第二层将点亮哪些输入点模式。因此，为获得适当的学习型神经网络，系统需要确定正确的偏差和权重。令“0”为输入层，“1”为第一个隐藏层，则

$$a^{(1)} = \sigma(w a^{(0)} + b) \tag{8.3}$$

式中：w 为权重；$a^{(0)}$ 和 $a^{(1)}$ 分别为第 0 层和第 1 层的激活；b 为偏差。

8.2.1 网络学习

成本函数计算实际输出激活与预测输出激活之差的平方和。例如，面部图像识别系统。如果神经网络无法识别待识别的图像，则应从所有输出神经元（除了应已激活的神经元外）的预测激活函数值中减去零。具有预期输出的最后一层神经元激活函数将为 1。较小的总和表示网络已正确分类数字，当分类错误较高时，其总和较大。然后，计算所有训练样本的平均成本。

为收敛至成本函数的局部最小值，我们计算梯度下降。与对其他权重进行的调整相比，对某些权重所进行的调整对成本函数的影响更大。我们计算损失函数的导数，其为任何给定点的函数斜率。应认识到当输出激活函数出现错误或无法检测预期图像时，我们需要调整权重和偏差。例如，为匹配输出，需要增加其激活函数的神经元。我们采用分配给倒数第二层激活函数的权重，并尝试对其进行调整。为此，我们考虑具有最大权重的神经元，以及有关输出相对应的神经元激活的更大影响。在增加所需输出神经元的激活函数的同时，还应减少其他神经元的激活。这称为反向传播，针对训练数据集中的各元素执行。由于可能非常耗时，因此我们将整个训练数据集划分为特定数量的组，并针对每个组计算上述各步骤。采用随机梯度查找局部最小值。

8.3 卷积神经网络

如 8.2 节所述，神经网络是一个完全连接的网络，因此不适用于图像识别和分类，这是因为现实图像尺寸不够小。像素表示为 $m \times n \times c$，其中 m 和 n 分别为行数和列数，c 为图像中存在的通道数，对于 RGB 图像为 3，对于灰度图像为 1。尺寸为 $22 \times 22 \times 3$ 图像的第一隐藏层中，每个神经元权重为 1452，而尺寸为 $230 \times 230 \times 3$ 的面部图像第一隐藏层中，各神经元的权重为 158700。每个隐藏层也可具有多个神经元。处理此类参数将需要许多神经元，最终将导致

过度拟合，使得完全连接的神经网络不适于开展图像分类。

卷积神经网络（CNN）是具有多个隐藏层的多层神经网络。当传统图像匹配算法开展逐像素匹配时，卷积神经网络旨在创建过滤后图像。与各神经元都和上一层中每个其他神经元相连的神经网络不同，在 CNN 中，一层神经元仅与上一层的数个神经元相连。CNN 基本上由以下 4 个不同层组成。

（1）卷积。

（2）修整线性单元。

（3）合并。

（4）完全连接。

一个人的面部图像可能具有多个变体，各图像的姿势、表情、角度等都不尽相同。在所有此类情况下，CNN 都必须将所有图像标识为对应于某一个人。

从基本图像中选择滤镜或特征或神经元，从而简化图像识别。滤波器是图像中用于识别可能属于同一类别的其他部分。一个图像可能有多个滤波器，此类滤波器用于构造卷积层。构造卷积层的步骤如下。

（1）将图像中的各像素与所选滤波器中的相应像素相乘。

（2）添加获得的乘积。

（3）将总和除以滤波器中的像素总数。

在整个图像中移动滤波器，并针对图像中的所有像素重复上述步骤。输出是指使用在开始时所选择的其他滤波器对图像所执行的卷积。因此，确定所使用过滤器的尺寸将在决定 CNN 效率方面起到非常重要的作用。CNN 中的“卷积”一词表示通过遍历整个图像（通过每个像素）后，递归应用滤波器确定潜在的匹配项。“卷积层”是指此类滤波图像的堆栈。

现在让我们讨论 CNN 中所合并的内容。为进行合并，需要选择一个窗口和一个固定大小的跨度，然后在过滤后的图像集上按照该跨度移动窗口。跨度控制滤波器如何在输入图像上移动，这是滤波器在图像周围移动时所经历的跳跃，滤波器基于跨度进行移动。换言之，跨度表示滤波器跳转分析下一组数据所需的时间。填充是指当滤波器窗口大小无法正确匹配图像大小时，将零添加到图像以协助跨度的过程。将填充数据添加到整个输入周围，其大小由“*填充数据宽度 = 滤波器宽度* – 1”确定。在图像边缘进行填充。

对卷积层中的所有已过滤图像进行合并，以获得缩小的图像。合并过程仅通过在预定大小的窗口中选择数值最高的像素以便减小图像大小。合并的最终结果是获得较小的图像堆栈（或卷积层）。因此，合并层输出中的各值都表示使用最大值操作覆盖的区域。该步骤有助于对图像进行下采样，从而减小特征图的大小。另一步骤是归一化。其将图像中的负像素值更改为零，这为我们提供了另一叠没有负值的图像，称为修正线性单元层。因此，仅当输入图像像素高于特定阈值时，修正线性单元层才会激活神经元，即当输入低于零时，输出为零。这有助于消除卷积层中图像的零点。最后，我们将卷积层、修正线性单元层和合并层合并在一起，使其成为单个堆栈，而一层的输出变为另一层的输入。

可根据需要多次重复这3组步骤。让图像通过多个卷积层可产生更多的过滤图像，而多次合并将产生更小尺寸的图像。最后一层是完全连接层，其中各像素值将有助于确定输出值。我们发现对于特定类型的输入而言，某些像素值较高，而对于其他类型的输入，某些像素值较低。对于输入图像而言，看起来较高的像素表示其预测输入图像的强度。为预测输入的测试图像，其会遍历CNN中的所有层。基于最终输出层的像素值和相应的权重，我们确定输入测试图像所属的类别。

8.4 CNN在特征提取中的应用

在本节中，我们演示了如何使用CNN识别面部图像特征，并将其进一步用于面部图像识别。CNN可用于灰度图像和RGB图像。为此，我们利用了灰度面部图像。可用于面部特征竞赛的Kaggle数据集用于训练和测试网络，该任务旨在预测面部图像上的关键点位置。可用于跟踪视频和图像中的面部，分析面部表情等。从Kaggle中提取的训练数据集具有事先检测到关键点的面部图像。关键点由像素索引空间中的（x,y）实值对指定。

识别关键点是图像处理的主要步骤。面部识别要求首先识别面部，然后再识别重要特征（也称为关键点）。在上一章中，我们已了解如何使用称为"PCA"的特征减少技术，减少面部特征的维数。在本章中，我们将了解深度学习在识别面部图像重要特征时的效率。在本文中，"关键点"表示面部图像中可在识别后证明在图像中存在人脸的特征。我们利用CNN提取特征。使用Kaggle数据集训练神经网络，该数据集包含单个图像的最多15个关键点。面部关键点检测是一项具有挑战性的任务，因为每个人的面部特征存在差异。一个人的多个图像可能在尺寸、位置和姿势方面存在差异。

数据集由分辨率为96×96且具有15个关键点的灰度图像组成。图8.1所示为来自Kaggle数据集的训练图像，其中嘴巴包括4个关键点、鼻子包括1个关键点、每个眼睛位置包括5个关键点。

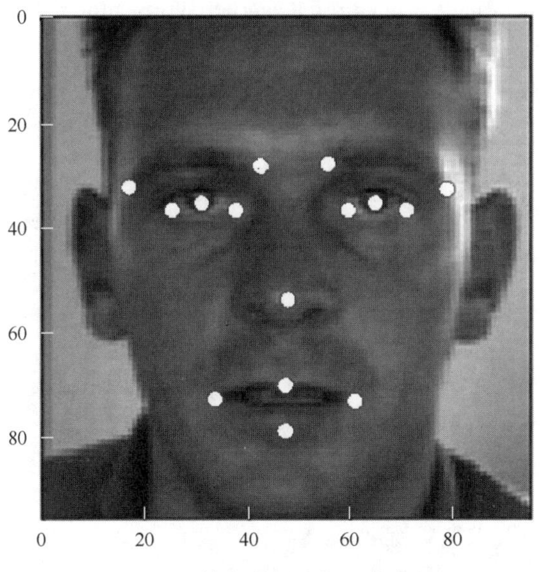

图 8.1　样本面部图像和关键点

8.4.1　了解数据集

训练 CSV 文件包含 7049 张图像，测试 CSV 包含 1783 张测试图像。test. csv 中的每一行都包含一个 ID 和测试图像的像素列表。在从 Kaggle 下载数据集后，该数据集将保存到本地系统中的任何位置。图 8.2 所示为一组来自训练数据集的随机图像。

使用数据分析读取数据集内容。要在测试图像中搜索的 15 个关键点及其 x 和 y 坐标如下：

- left_eye_center_x，left_eye_center_y，right_eye_center_x，right_eye_center_y；
- left_eye_inner_corner_x，left_eye_inner_corner_y，left_eye_outer_corner_x，left_ eye_outer_corner_y；
- right_eye_inner_corner_x，right_eye_inner_corner_y，right_eye_outer_corner_x，right_eye_outer_corner_y；
- left_eyebrow_inner_end_x，left_eyebrow_inner_end_y，left_eyebrow_outer_end_ x，left_eyebrow_outer_end_y；
- right_eyebrow_inner_end_x，right_eyebrow_inner_end_y，right_eyebrow_outer_ end_x，right_eyebrow_outer_end_y；
- nose_tip_x，nose_tip_y；

· mouth_left_corner_x, mouth_left_corner_y, mouth_right_corner_x, mouth_right_ corner_y;
· mouth_center_top_lip_x, mouth_center_top_lip_y, mouth_center_bottom_lip_x, mouth_center_bottom_lip_y.

图 8.2 训练数据集

数据集的最后一列为输入图像，包含与各训练图像相对应的介于 0 ~ 255 的像素。训练数据集中的某些图像缺少关键点位置，主要是由于图像质量较差，因此可忽略。从 training. csv 文件中提取与各图像相对应关键点的 x 和 y 坐标，以便在此类训练图像上绘制关键点。输出如图 8.3 所示。

如前所述，某些图像具有高分辨率，而另一些则具有低分辨率。对于分辨率较低的图像，检测到的关键点较少。关键点的统计数据如图 8.4 所示，可使用此处提供的代码段进行绘制。

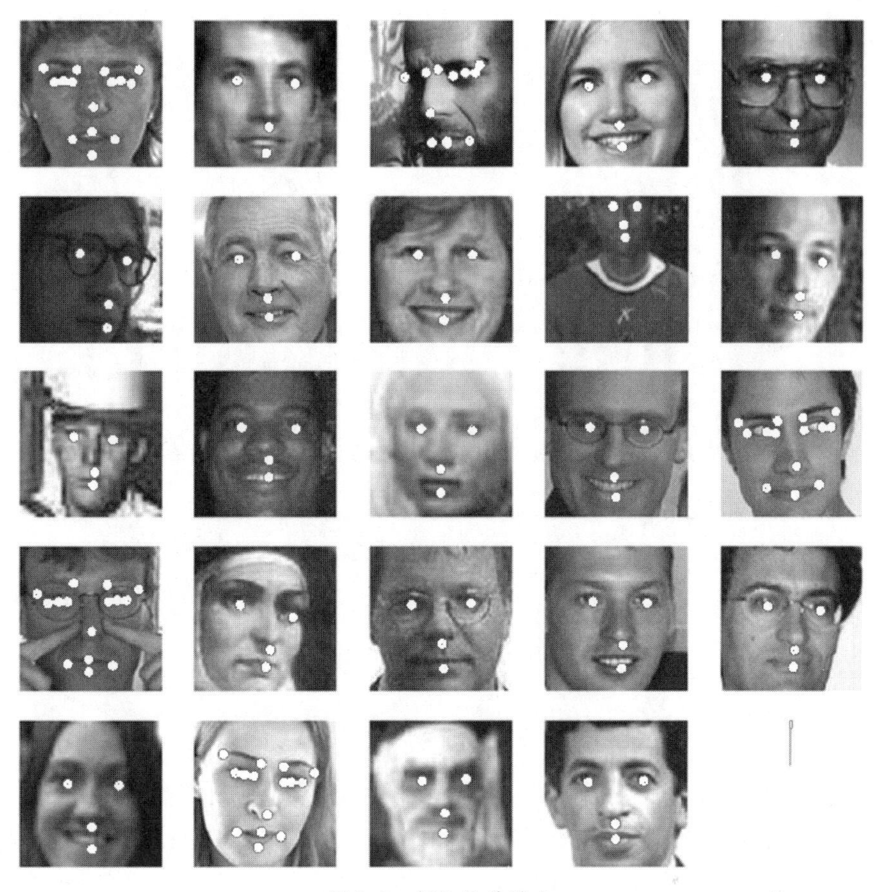

图 8.3 提取的关键点

```
df. describe( ). loc[ 'count' ]. plot. bar( )
```

8.4.2 建立 Keras 模型

在本节中，我们将研究如何使用 Keras 构建卷积神经网络模型，预测测试图像的关键点。在构建我们的机器学习模型时，流水化有助于简化重复的常见步骤，并且有助于拟合训练数据并将结果应用于测试数据。由于机器学习技术要求执行一系列转换，如特征生成、特征减少、最佳特征选择等，因此始终建议采用流水化。流水化构造函数可封装充当单个单元的变换器和估计器。

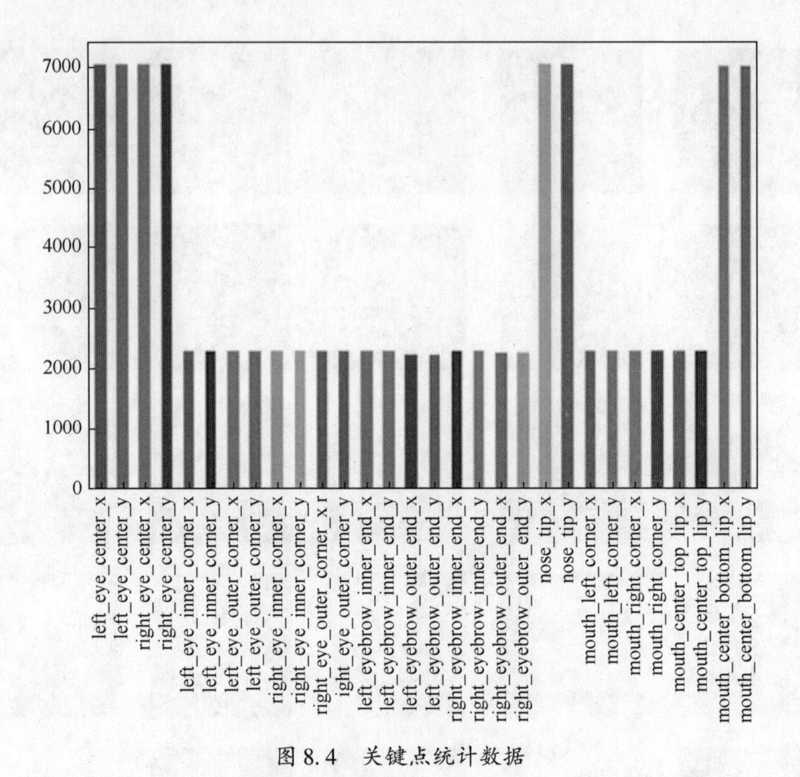

图 8.4　关键点统计数据

变换器和估计器可以是特征选择度量、回归等。流水化可确保按照正确的顺序执行数据转换，并防止交叉验证期间发生数据泄漏。进行缩放以便将特征转换至给定范围。通过以下代码段实现两个步骤。

```
output_pipe = make_pipeline( MinMaxScaler( feature _range = ( -1, 1) ) ).
```

函数 vstack 用于垂直堆叠图像像素阵列以便进行处理。以下代码段可构建多层卷积神经网络。为此，我们使用除输入层之外的 7 个层。由于 Keras 用于构建 CNN，因此无须指定权重和偏差。

```
model = Sequential( )
# input layer
model. add( BatchNormalization( input_shape = (96, 96, 1) ) )
model. add( Conv2D(24, (5, 5), kernel_initializer = 'he_normal') )
model. add( Activation( 'relu') )
model. add( MaxPooling2D( pool_size = (2, 2), strides = (2, 2)) )
model. add( Dropout(0.2) )
```

```
# layer 2
model.add(Conv2D(36, (5, 5)))
model.add(Activation('relu'))
model.add(MaxPooling2D(pool_size=(2, 2), strides=(2, 2)))
model.add(Dropout(0.2))
# layer 3
model.add(Conv2D(48, (5, 5)))
model.add(Activation('relu'))
model.add(MaxPooling2D(pool_size=(2, 2), strides=(2, 2)))
model.add(Dropout(0.2))
# layer 4
model.add(Conv2D(64, (3, 3)))
model.add(Activation('relu'))
model.add(MaxPooling2D(pool_size=(2, 2), strides=(2, 2)))
model.add(Dropout(0.2))
# layer 5
model.add(Conv2D(64, (3, 3)))
model.add(Activation('relu'))
model.add(Flatten())
# layer 6
model.add(Dense(500, activation="relu"))
# layer 7
model.add(Dense(90, activation="relu"))
# layer 8
model.add(Dense(30))
sgd = optimizers.SGD(lr=0.1, decay=1e-6, momentum=0.95, nesterov=真)
model.compile(optimizer=sgd, loss='mse', metrics=['accuracy'])
```

用于对卷积神经网络进行建模的不同功能如下。

（1）顺序（）。顺序模型是用于初始化网络的线性层堆叠。可通过 .add() 方法传递不同层的列表。Keras 模型可采用两种形式：顺序形式和函数形式。顺序模型可轻松地堆叠网络中从输入到输出的各层。

（2）批次归一化。批次归一化层将输入标准化处理为激活函数。input_shape=(96,96,1) 用于设计我们的模型，其中 96×96 是指图像尺寸，而“1”是指色彩通道的数量。

（3）Conv2D。卷积 2D 是二维卷积层。该函数用于筛选二维输入窗口。如果将关键字 input_shape 用作第一层，则将其与此层共同使用。Conv2D 的第一个参数是该层的输出通道数。接下来的两个参数是“滤波器”窗口大小。例如，在 Conv2D(36, (5,5)) 中，36 是指输出通道数，5×5 是窗口大小。

(4) 激活（Relu）。Relu 是修正线性单元。用于定义待使用的激活函数类型。激活类型包括 tanh、selu、softplus 等。Relu 激活函数有助于将图像分类视为非线性问题。

(5) MaxPooling2D。该层用于向神经网络模型添加合并层。MaxPooling2D (pool_size = (2,2), strides = (2,2)) 表示合并在 x 和 y 方向上的大小分别为 (2, 2)，在 x 和 y 方向上的跨度为 (2, 2)。

(6) DropOut。这是防止过度拟合问题的方法之一。其在训练模型时，随机选择具有一定丢弃（或停用）概率的节点。

(7) Flatten()。Flatten 函数将合并的特征映射转换为单列，以便可将其传递到完全连接层。

(8) Dense。Dense 有助于将完全连接的层添加到卷积神经网络。

(9) Optimizer. SGD。随机梯度下降优化器包括动量、学习率、衰减和 Nesterov 动量。通过对一系列值进行实验确定学习率。

(10) Compile。在训练模型前，需要进行配置的学习过程，可通过 compile() 方法完成。该方法具有以下参数：Optimizer（用于指定要使用的优化算法）是指模型将尝试最小化的损失函数以及一系列指标，如对任何分类问题都是必需的准确性。

我们所采用的损失函数为“均方误差”。其他损失函数包括平均绝对误差、平均绝对百分比误差、余弦接近度等。

如图 8.5 所示，模型的最终输出为在测试图像中绘制的预测关键点。

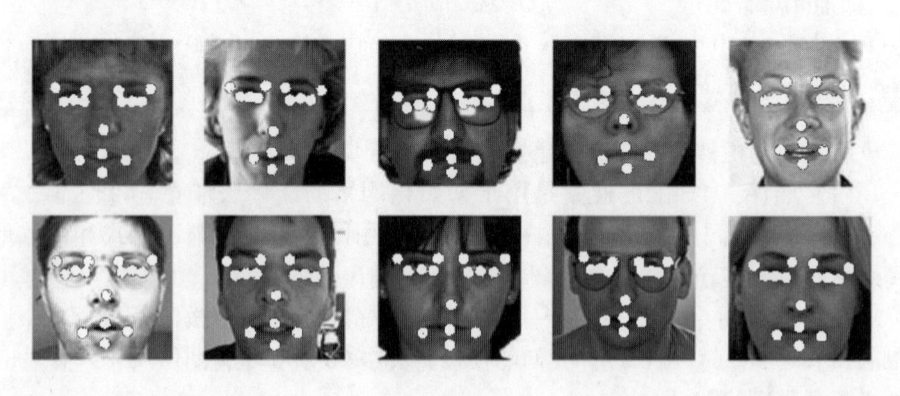

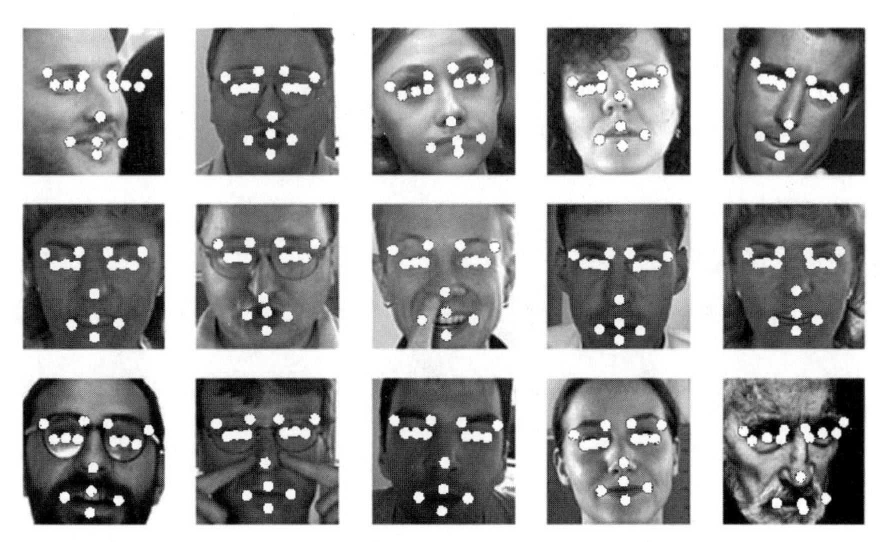

图 8.5　预计的关键点

训练和编译模型获得以下输出。

```
Epoch 1/50
1712/1712 [ ==================================] 53s 31ms/step - loss:
0.0389 acc:0.3002 val_loss:0.0704 val_acc:0.0327
Epoch 2/50
1712/1712 [ ==================================] 51s 30ms/step - loss:
0.0352 acc:0.3289 val_loss:0.0705 val_acc:0.0327
Epoch 3/50
1712/1712 [ ==================================] 51s 30ms/step - loss:
0.0347 acc:0.3324 val_loss:0.0685 val_acc:0.0327
Epoch 4/50
1712/1712 [ ==================================] 51s 30ms/step - loss:
0.0312 acc:0.3732 val_loss:0.0598 val_acc:0.1051
Epoch 5/50
1712/1712 [ ==================================] 51s 30ms/step - loss:
0.0253 acc:0.4007 val_loss:0.0543 val_acc:0.1519
.
.
.
.
```

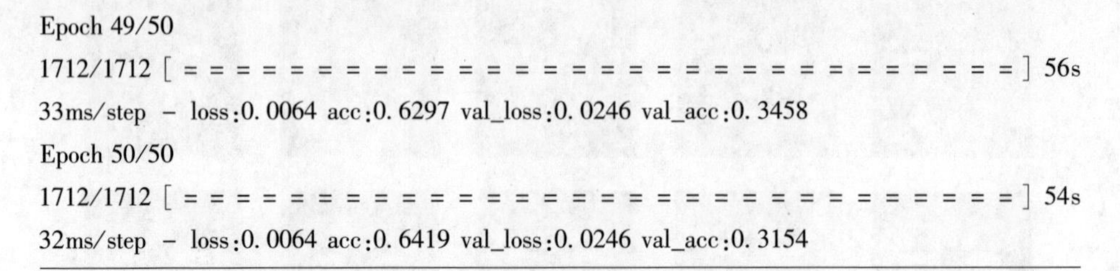

```
.
Epoch 49/50
1712/1712 [==============================] 56s
33ms/step - loss:0.0064 acc:0.6297 val_loss:0.0246 val_acc:0.3458
Epoch 50/50
1712/1712 [==============================] 54s
32ms/step - loss:0.0064 acc:0.6419 val_loss:0.0246 val_acc:0.3154
```

模型损失如图 8.6 所示。时期是整个训练向量用于更新权重的次数度量。

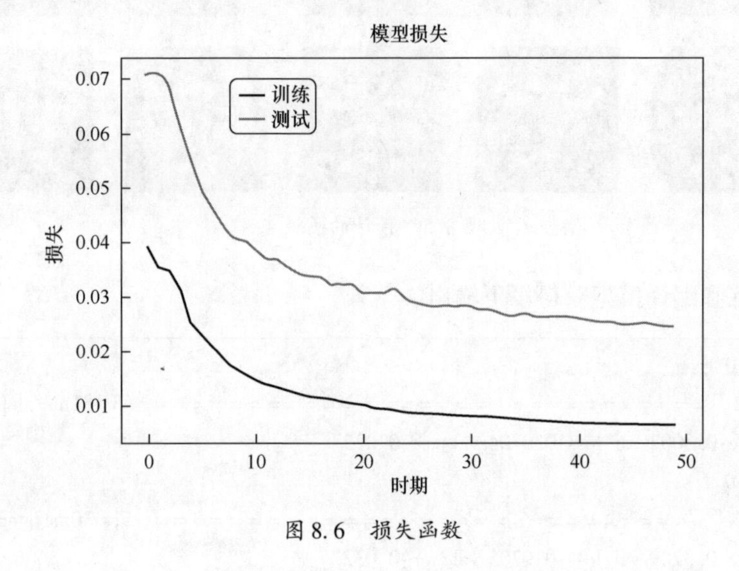

图 8.6 损失函数

8.5 研究结论和方向

本章所述的实验旨在阐述神经网络（特别是卷积神经网络）如何从面部图像中提取特征。其当前在图像处理研究中越来越普遍。尽管存在多种类型的神经网络，如递归神经网络、前馈神经网络、自归一化神经网络等，但是，实践证明 CNN 是图像处理的最佳选择。由于不受监督，神经网络是当今最常用的机器学习技术之一。我们在本章中讨论的概念也可扩展到视频中的面部识别。其他神经网络技术（如自动编码器）可用于从恶意软件样本中提取特征。神经网络不仅限于图像，还可用于解决许多其他网络安全问题，如恶意软件的早期检测。

第9章　决策树的应用

9.1　简　　介

决策树是用于解决分类和回归问题的机器学习技术。其通过构造树结构协助识别数据集中数据点之间的关系。此类树状结构用于准确预测看不见的数据。数据集可拆分为多个子集，从而导致各决策节点分支到更多决策节点。从中开始拆分的第一个决策节点称为根节点，不再扩展的最终决策节点称为叶节点。决策树采用分治方式构建为自上而下的结构化模型。样本决策树结构如图9.1所示。其为图形类似结构，能够以类似于流程图的结构形式表示包含条件控制语句的算法。通过将训练数据从根节点向下传递到叶节点，对决策树进行训练。根据预测变量对数据进行重复拆分，以便子节点的结果变量更加同质。我们选择一个属性作为根节点，并为其他各属性构造分支。决策树通常具有以下关键要素。

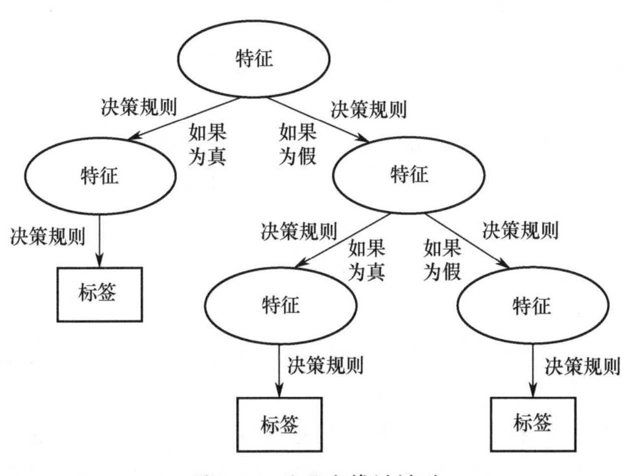

图9.1　通用决策树模型

（1）应用于节点基于任何特定变量节点值对数据进行细分的规则。

（2）决定节点何时成为终端节点的停止规则。

（3）分配至特定标签的叶节点。

在各步骤的拆分过程中，决策树对数据集进行递归划分，从而创建子集。“规则”表示从决策树根节点到叶节点的路径。决策树的高级算法如下。

（1）选择最佳属性，并将其分配给根节点。

（2）然后，将训练集分解为子集，以便子集内的数据就特定属性而言具有相同的值。

（3）继续直至无法进一步拆分。

决策树的叶节点代表标签，内部节点代表属性。选择根节点时，属性选择非常重要。计算各属性的熵、信息增益和基尼系数标准，从而有助于确定最佳属性。具有最高值的属性位于根节点。基于特定规则，通过许多级别的决策划分数据集。所使用的规则序列以树结构表示，该树结构由根节点、决策函数和叶节点组成。当为输入数据集选择离散类标签时，决策树成为分类树。当为数据集选择一系列连续值时，其成为回归树。

决策树更易于处理类别特征，解释并扩展为更多的多类分类，并且不需要特征缩放，因此获得广泛应用。提升算法和随机森林等其他树结构算法获得广泛应用，特别是针对回归和分类任务。以下为与决策树相关的少量术语。

（1）假设类为可从输入空间映射到输出空间的所有潜在函数集合。

（2）概念是将输入映射到输出的函数。

（3）目标概念是将输入有效映射到输出的最佳函数。

（4）拆分是根据特定标准将节点分为两个或多个子节点的过程。

（5）根节点是指选作主要节点以便将数据集进一步拆分为两个或更多同质集的根节点。

（6）决策节点是指决策树进一步拆分为子节点的节点。

（7）修剪是指从决策节点中删除子节点的过程。

（8）叶节点是指不会进一步拆分并表明决策树已终止的节点。

（9）基尼不纯度是指衡量当根据集合中标签概率分布进行随机标记时发生错误之频率的度量。

（10）信息增益是指通过观察另一个随机变量获得的有关随机变量的信息量。

决策树的差异在于用于其构造的算法类型。各算法的差异在于用来分割数据集的标准。最终，这将产生一个树模型，该树模型通过利用从数据集属性推断出的决策规则，对样本标签进行预测。当使用决策树进行学习时，待分类的样本将通过大量测试，最终确定样本所述的潜在类别。用于查找各样本标签的步骤组织为称为“决策树”的分层结构。

在大多数情况下，决策树将对数据进行拆分，直到我们获得单例子集作为其叶节点。但这并不像我们认为的那样有效，因为决策树可能无法对从未见过的样本进行分类。

在机器学习中，过度拟合是指学习系统过于紧密地拟合给定训练数据，以至于无法准确预测测试数据的结果。在决策树中，当树的设计旨在完美拟合所有训练样本时，就会发生过度拟合。因此，其最终获得严格的稀疏数据规则分支。当预测不属于训练集的测试数据时，这会影响准确性。修剪是指解决决策树中过度拟合问题的方法之一，在初始训练完成后进行修剪。在下一节中，我们将讨论决策树修剪的详细信息。

9.2 决策树修剪

修剪是解决决策树过度拟合问题的解决方案之一。通过消除在标记未知样本中不起任何作用的分支，有助于缩小树的大小。在修剪过程中，从叶节点开始删除决策节点，修剪树的分支，避免影响整体准确性。将实际训练集分割为训练数据集和验证数据集。使用分离的训练数据集构建决策树。然后，在树上进行修剪，以便优化验证数据集的准确性。某些修剪算法如下。

（1）CART 中的最小成本复杂度修剪（CCP）。

（2）C4.5 中基于错误的修剪（EBP）。

（3）最小错误修剪（MEP）。

（4）减少错误修剪（REP）。

（5）悲观错误修剪（PEP）。

（6）基于 MDL 的修剪。

（7）基于可分类性的修剪。

修剪包括两种类型，即预修剪和后修剪。当发现属性不相关时，预修剪将阻止树的生长。后修剪是一种自下而上的方法，在构造之后通过从树的叶节点遍历树以便缩短决策树的过程。基本上，包括以下 3 种修剪策略。

（1）不修剪。

（2）最小错误，对树进行修剪，直到交叉验证错误最小为止。

（3）最小树，该树的修剪程度略大于交叉验证错误。

在下一节中，我们将研究决策树构建过程中所采用的不同数学度量，然后将处理不同的决策树算法。

9.3 熵

熵是决策树进行拆分的决策因素之一。正如定义所言，熵是有关随机变量不确定性的度量。即熵越低，信息内容越少。熵用于计算数据集中样本的均匀性，这种计算一般发生在数据集有不止一组记录，并且记录的数值是相似的数据。当样本完全均匀时，熵称为“零”，而当数据点均等划分时，熵称为“一”。熵的计算公式为

$$\text{Entropy}(D) = -\sum_{i=1}^{k} P(L_i) \times log_2(P(L_i) \tag{9.1}$$

式中：D 为计算熵的数据集；$P(L_i)$ 为 L_i 类中数据点的数量与 D 中元素总数的比例。熵使用从以下项得出的任何样本概率分布对数据集进行表征。因此，熵定义为数据集中各样本出现的概率分布负对数。熵（D）=0 表示数据集已正确分类。这意味着，D 的所有数据点都属于同一类。

9.4 信息增益

根据熵的定义，我们了解到熵随所选根节点的变化（代表根节点的属性变化）而变化。因此，构建决策树就是要找到返回最高信息增益的最佳属性。首先，我们按如下方式计算熵。

(1) 计算数据集的熵。

(2) 根据不同的属性对数据集进行拆分，并计算由此产生的各分支的熵。

(3) 计算所得决策树的总熵。

从进行拆分前，从计算所得的熵中减去所得的熵即可获得信息增益。因此，信息增益是有关数据集中熵及根据某属性进行拆分后的熵之间的差值的度量。可按照以下公式计算信息增益：

$$\text{IG}(A,D) = \text{Entropy}(D) - \sum_{i=1}^{k} P(T_i)\text{Entropy}(T_i) \tag{9.2}$$

式中：D 为数据集；A 为就拆分选择的属性；T_i 是指在与 A 拆分后从 D 创建的子集；$P(T)$ 为 T_i 中元素数量与 D 中元素数量之比。

信息增益是指决策树算法用于构建树模型的最重要方法。熵为零的分支为叶节点，如果熵大于零，则需要进一步拆分。在使用信息增益选择进行拆分的最佳属性后，我们递归构造决策树子集。构造的树在任何根到叶路径中都不会包含两次相同的属性。接下来，让我们看看如何根据表 9.1 所列的样本数据集

构建决策树。

表 9.1　样本数据

X	Y	Z	类别
1	1	1	1
1	1	0	1
0	0	1	2
1	0	0	2

为便于计算和论证，我们未从数据集中获取此类特征的实际值。假设训练集具有 3 个特征 X、Y、Z 和两个分类 1、2。然后要构建决策树，第一步是获取任何一个特征并计算其信息增益，然后针对其余特征重复该过程。以下将举例理解拆分概念的详细信息。

此处，我们的目标是通过计算信息增益，确定拆分数据集 D 的最佳属性。计算关于拆分特征 X、Y 和 Z 相关数据的信息增益，具体如下。

(1) 根据特征 X 拆分数据集（图 9.2）。

根节点的熵计算如下：

$$\begin{aligned} E_{\text{root}} &= -[1/2 \times \log_2(1/2) + 1/2 \times \log_2(1/2)] \\ &= (-1) \times (-1) = 1 \end{aligned} \tag{9.3}$$

两个子节点的熵计算如下：

$$\begin{aligned} E_{\text{child}_1} &= -[2/3 \times \log_2(2/3) + 1/3 \times \log_2(1/3)] = 0.916 \\ E_{\text{child}_0} &= -[1 \times \log_2 1] = 0 \end{aligned} \tag{9.4}$$

因此，整个树的信息增益如下：

$$\begin{aligned} \text{IG}(A,D) &= E_{\text{root}} - P(\text{child}_1) \times E_{\text{child}_1} - P(\text{child}_0) \times E_{\text{child}_0} \\ &= 1 - (3/4) \times (0.916) - (1/4) \times (0) = 0.313 \end{aligned} \tag{9.5}$$

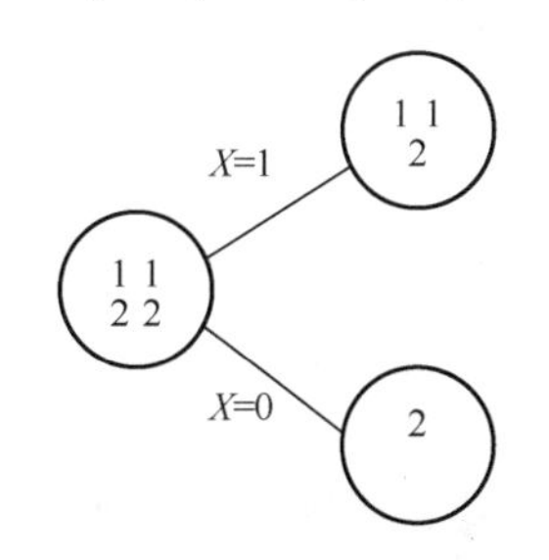

图 9.2　根据特征 X 进行拆分

（2）根据特征 Y 拆分数据集：

$$E_{\text{child}_1} = -[1 \times \log_2 1] = 0$$
$$E_{\text{child}_0} = -[1 \times \log_2 1] = 0 \tag{9.6}$$

因此，树的信息增益计算如下（图 9.3）：

$$\begin{aligned}\text{IG}(Y,D) &= E_{\text{root}} - P(\text{child}_1) \times E_{\text{child}_1} - P(\text{child}_0) \times E_{\text{child}_0} \\ &= 1 - (1/2) \times [-(-1) \times 0 + 0] = 1\end{aligned} \tag{9.7}$$

（3）根据特征 Z 拆分数据集（图 9.4）：

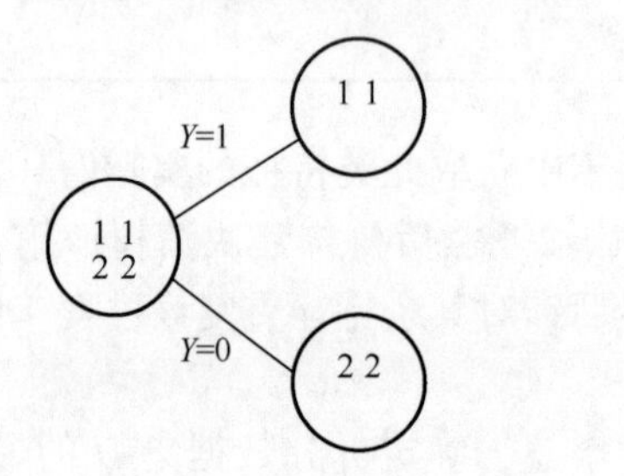

图 9.3　根据特征 Y 进行拆分

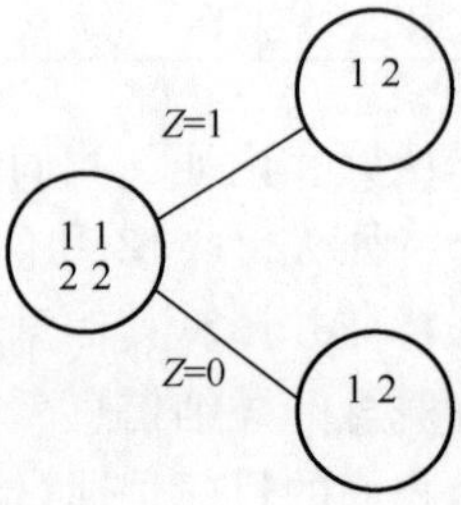

图 9.4　根据特征 Z 进行拆分

$$E_{\text{child}_1} = -[1/2 \times \log_2(1/2) + 1/2 \times \log_2(1/2)] = 1$$
$$E_{\text{child}_2} = -[1/2 \times \log_2(1/2) + 1/2 \times \log_2(1/2)] = 1 \tag{9.8}$$

树的信息增益如下：

$$\begin{aligned}\text{IG}(Z,D) &= E_{\text{root}} - P(\text{child}_1) \times E_{\text{child}_1} - P(\text{child}_0) \times E_{\text{child}_0} \\ &= 1 - [(1/2) \times [-((1/2) \times -1 + (1/2) \times -1)]] = 0\end{aligned} \tag{9.9}$$

因此，以上计算明确表明，当根据特征 Y 拆分数据集时，信息增益量最大。因此，对应于特征 Y 的值是根节点的理想选择。此外，可以看出，当使用属性 Y 拆分数据集时，叶节点仅包含目标变量。因此，不需要进一步拆分。

9.5　基尼指数

基尼指数或基尼不纯度是有关随机选择数据点遭到错误分类之频率的度量。其广泛用于简单分类和回归决策树。如果基尼指数根据数据集中的标签分布进行标记，则是对随机选择数据点错误分类的概率。例如，在表 9.1 中，令 X、Y 和 Z 代表任意 3 个恶意软件特征，而类别栏代表样本标签。据称，基于 X 预测数据集各样本标签发生错误的概率为特征 X 的基尼不纯度，即

$$\text{Gini}(X) = 1 - \sum_{i=1}^{n} P_i^2 \tag{9.10}$$

式中：P_i是指 X 中第 i 类的相对频率。推荐采用最低的基尼指数属性构建决策树。仅采用基尼指数执行二进制拆分，因此，其主要用于 CART 算法。

9.6 卡方

卡方算法用于查找子节点与父节点之间差异的统计显著性。卡方是指目标变量观测频率和预期频率之间差异的平方和，即

$$x^2 = \sum_i \frac{(\text{Observed}_i - \text{Expected}_i)^2}{\text{Expected}_i} \tag{9.11}$$

卡方值越大，子节点和父节点之间差异的统计显著性（或概率）就越大。对于树中的各观察节点，通过找到成功和失败的偏差计算其卡方。对于在构建决策树过程中所执行的各拆分而言，拆分的卡方为拆分节点成功和失败的所有卡方之和。卡方算法生成卡方自动交互检测（CHAID）树。卡方主要用于估计节点的进一步拆分是否会改善数据集的整体性能，或者仅提高训练数据集特定样本的性能。特征选择不取决于任何特定的机器学习算法。对于与输出变量的相关性，我们使用不同的统计计算方法计算特征评分。当涉及决策树时，我们将在拆分数据后，根据类计数计算特征评分，其中卡方用于测量相关性。该算法通过计算其评分以及与该评分相关的概率值确定将要选择的特征，并考虑将具有最高评分的特征用于构建树。

9.7 增益比

信息增益度量用于选择决策树各节点上的测试属性。信息增益度量倾向于选择具有大量值的属性。

令 S 为包含 s 个数据样本和 m 个不同类的集合。对给定样本进行分类所需的预期信息根据以下式进行计算

$$\text{Info}(S) = -\sum_{i=1}^{m} P_i \times \log_2 P_i$$

式中：P_i 是指属于 C_i 类的任意样本并且通过 S_i/S 估计的概率。

令属性 A 具有 n 个不同的值。令 s_{ij} 为子集 S_j 中类 C_i 的样本数。S_j 包含 S 中 A 值为 a_j 的样本。换言之，S_1，S_2，…，S_n 是由于使用 A 对 S 进行拆分所创建的子树。基于 A 划分为子集的熵或预期信息为

$$\text{Info}(A,S) = -\sum_{i=1}^{m} \text{Info}(S_i) \frac{s_{1,i} + \cdots + s_{m,i}}{s} \tag{9.12}$$

我们的下一个目标是找到在 S 中执行拆分的最有效属性。然后，按获得顺序对此类属性进行排序。通过在 A 上分支所获得的编码信息为

$$\text{Gain}(A) = \text{Info}(S) - \text{Info}(A, S)$$

增益( ) 的公式明确表明，增益（A）等于对 S 中数据点进行分类所需的信息与使用 A 对数据集进行拆分后的信息增益之间的差。将训练数据集 S 拆分为与属性 A 测试的 n 个结果相对应的 n 个分区，如下所示：

$$\text{SplitInf}(A,S) = -\sum_{i=1}^{n} \frac{|S_i|}{|S|} \log_2 \frac{|S_i|}{|S|} \tag{9.13}$$

GainRatio(A,S) 是拆分产生的信息比例，即

$$\text{GainRatio}(A,S) = \frac{\text{Gain}(A)}{\text{SplitInfo}(A,S)} \tag{9.14}$$

具有最高增益比的元素为根节点，基于根节点对数据集进行拆分。此外，就各子节点计算信息增益，然后继续该过程，直到完成预测为止。如果训练集 S 中的属性 A 对于各样本具有不同的记录，则 Info$(A,S)=0$，Gain(A, S) 最大。

9.8 分类和回归树

分类和回归树（CART）是一种简单的决策树算法，其中分类树生成分类目标变量并标识其标签。回归会产生连续的目标变量并预测其值。CART 模型表示为二叉树。CART 算法使用停止条件 iff。

(1) 遍历数据集中的最小记录数。

(2) 数据集中的大多数记录已分配给节点。

(3) 已完成最大数量级别的拆分。

当节点中仅剩单一案例时，数据集具有重复的记录条目并且该节点完全纯净，则无法进行拆分。

1. CART 算法

该算法具有以下 3 个主要步骤。

(1) 找到各特征的最佳拆分。如果训练数据集中各特征存在 k 个不同的值，则拆分的可能数量为 $k-1$。

(2) 一旦找到各特征的最佳拆分，就找到了可最大限度地提高拆分标准的拆分操作。

(3) 使用步骤(2)中所述的最佳拆分标准对节点进行拆分，并从步骤(1)开始重复，直到满足停止标准为止。

CART 采用基尼不纯度作为拆分标准。以下为 CART 算法的某些优点和缺点。

（1）CART 算法通常很容易解释。

（2）输入变量中的异常值永远不会显著影响 CART。

（3）其利用测试和交叉验证，准确地构建决策树。

（4）单一变量可在树的不同部分中多次使用，揭示不同变量集之间的复杂依存关系。

（5）与其他预测性机器学习技术共同使用时，可用于选择输入变量。

（6）其不需要数据转换。

（7）可使用包含分类变量和连续变量的输入数据集构建树。

（8）其可用作集成方法，如决策树可将所选变量输入到神经网络。

（9）通常情况下，CART 创建的树不稳定。输入数据的细微更改可能会对树结构产生重大影响。由于决策树本质上是分层的，因此开头出现的错误可能会影响整个树。

（10）其主要缺点之一是与其他模型相比，CART 的预测准确性较差。

2. CART 修剪

CART 算法生成的决策树大小超出要求。因此，对其进行修剪以找到最佳树。CART 使用测试数据或 X 倍交叉验证，确定对未知传入样本进行有效分类的最佳树。为使用测试数据集验证树，采用在树训练阶段未使用的样本对树进行评估。通过在来自分布中的一定数量样本上训练决策树模型，对树进行交叉验证评估。可开展以下修剪。

（1）将训练数据随机拆分为 X 倍。

（2）在 $X-1$ 倍的不同组合上训练 X 树，并找到每次 X 倍的估计误差。

（3）利用 X 误差测量的平均值求出决策树的准确性。

（4）利用复杂度损失等参数，最大限度地减少步骤(3)中的错误。复杂度参数控制树的大小并选择最佳的树。如果在当前节点位置向决策树添加另一个变量，并且成本超过复杂度参数的值，则停止树的构建。

（5）使用从步骤(4)获得的数据和参数重新调整树。

9.9 迭代二分法 3

迭代二分法 3(ID3) 为一种用于从任何数据集生成决策树的算法。由 Ross Quinlan 于 1983 年开发。其遵循从上到下的贪心搜索数据集，其中对树的各节点上的属性进行测试以便找到最佳属性。也就是说，在每次迭代中，算法都会采用不同的指标（如熵和信息增益）为拆分选择最佳属性。熵衡量数据集中不确定性的数量，信息增益衡量数据集在特定属性上分解后数据集所降低的不确定性。ID3 算法用于从训练数据集 D 生成决策树，然后将其存储在内存中。决策树通过自下而上遍历树，对测试数据样本进行分类，最终说明测试数据集所属的类别。

为构建最佳决策树，必须最大限度地降低树的深度。同样，某些功能（如熵和信息增益）对于确保平衡拆分至关重要。前述熵有助于测量训练数据集的均匀度。现在让我们讨论 ID3 算法。

1. ID3 算法

（1）将数据集 D 分配为根节点。

（2）对于每次迭代，算法都会为数据集 D 的各个未使用属性计算熵和信息增益。

（3）选择具有最小熵或最高信息增益的属性。

（4）使用所选属性拆分数据集，随后将生成数据集的子集。

（5）对于以前从未使用过的所有属性，针对各子集继续上述步骤。

树的叶节点也称为终端节点，代表该分支子集的标签，而非终端节点则代表用于执行拆分的选定属性。尽管可通过导入 ID3Estimator 函数在 Python 机器学习算法库中轻松实现 ID3 算法，但了解其中涉及的步骤非常重要。

2. 熵计算

（1）首先计算数据集的大小，指示数据集中存在的样本总数。

（2）将样本的标签检索到库中。

（3）对于每个标签 L_i，计算其概率 $P(L_i)$。

（4）计算熵并返回数据集的最终熵。

3. 选择拆分的最佳属性

（1）找到数据集中的特征数。

（2）调用熵计算函数，并将信息增益变量初始化为零。

（3）对于特征集中的各特征，将与该特征对应的所有值存储在数组中。

（4）使用 set( ) 函数，从特征集中获取唯一值。set 是项的有序集合，其中包含唯一的各元素。

（5）将两个变量熵和 entropy_attribute 初始化为零。

（6）使用特征集中的各属性对数据集进行拆分，并计算当前所创建的子树概率。同样，计算用于拆分的属性熵。

（7）计算信息增益并返回带有最大信息增益的属性。

4. 拆分数据集

（1）为拆分数据集，我们利用该数据集、属性索引和属性值。attribute_index 和 attribute_value 对应于具有最大信息增益的属性。

（2）通过遍历数据集中的各记录，使用所选属性拆分数据集。

最后，将树保存在列表结构中并返回。为构建决策树，集成以上所有过程，然后可使用决策树预测看不见的样本标签。

ID3 可在更短的时间内构建较小的决策树，在创建决策树时，最后将创建叶节点，从而在测试时创建待修剪的树。过度拟合是 ID3 算法的最大问题之一，此外，还浪费大量时间，因为其在节点决策过程中仅接受单个属性。尽管 ID3 通常会产生小树，但不会产生最小的树。ID3 还导致连续数据分类非常繁琐，因为其需要生成很多树才能找到数据失去连续性的位置。由于在树的构建过程中，ID3 可能会陷入局部最优状态，因此其永远无法保证最优解决方案。引入了 C4.5 算法，它是 ID3 算法的后续版本，并采用了各种改进。

9.10　C4.5 算法

Ross Quinlan 也开发了 C4.5，它是对 ID3 算法的扩展，其利用增益比构建决策树。尽管 C4.5 和 ID3 算法既准确又高效，但是其经常面临过度拟合的问题。但是，与 ID3 算法不同，C4.5 支持修剪，以便纠正由于过度拟合而出现的问题。C4.5 是一种分类算法，相对于 ID3 的主要优点在于其能够对连续值和离散值进行分类。接下来将介绍 C4.5 算法的一些优缺点。

（1）易于实现且易于解释。

（2）可以有效处理缺失值和过度拟合。

（3）通过在输入数据中引入细微变化，可便于操纵使用 C4.5 算法构建的树。

（4）对于少量训练数据集，C4.5 效果不佳。

C4.5 可对离散属性和连续属性进行分类。其可轻松处理具有缺失属性的数据集以及具有不同成本的属性。ID3 和 C4.5 的相似点在于两者都采用熵度量作为其拆分函数。

9.11　决策树在 Windows 恶意软件分类中的应用

在阐述了决策树的工作理论后，我们还必须切实解决任何网络安全问题。此处，我们计划演示如何使用决策树算法区分 Windows 恶意软件和善意软件。

以下各节中所开展的实验利用了根据卡迪夫大学研究门户网站的要求所提供的数据集。

尽管恶意程序检测一直是许多研究人员关注的话题，但在早期检测方面仍面临问题。随着恶意软件的不断发展，因此有必要找到一种适合早期检测的技术。恶意软件分析可分为两种类型：静态和动态。静态恶意软件分析可通过反编译（将机器代码转换为任何编程语言）或对应用程序进行反向工程，以便理解应用程序的功能及其执行方式。由于静态代码易受代码混淆的影响，因此应注意可执行的动态行为，以获取有关其执行的详细信息。此外，自动恶意程序检测是防止计算机系统发生外来入侵的唯一解决方案。

9.11.1 进一步了解数据集

我们在安装 Windows 7 的系统上运行恶意和善意可执行文件。通过观察对操作系统核进行的 API 调用，捕获可执行文件的行为数据。样本运行在使用 Cuckoo 沙箱的虚拟机中，该沙箱带有采用 Python 库编写的自定义程序包，用于捕获计算机活动。卡迪夫大学研究人员创建一个 CSV 文件，对每一个可执行文件的执行情况进行观察，持续时间为 5min 5s。为此，我们对所观察到的值进行归一化处理，以便各样本的各特征仅具有一个记录。其所使用的 VM 规格为 2 GB RAM，25 GB 存储；Windows 7，64 位单核 CPU。此实验总共采用 594 个善意和恶意样本。接下来将研究 CSV 文件的详细信息。

（1）sample_id：各样本的标识符。

（2）vector：文件开始执行后的时间，以秒为单位。

（3）malware：表示标签，“1”表示恶意软件，“0”表示善意软件。

（4）cpu_system：表示核中所运行程序采用的 CPU 百分比。

（5）cpu_user：表示在用户空间中所运行程序采用的 CPU 百分比。

（6）memory：内存中当前使用的字节。

（7）swap：交换存储器中使用的字节。

（8）total_pro：正在运行的进程总数。

（9）max_pid：一个进程所拥有的最大进程 ID。

（10）rx_bytes：所接收的字节数。

（11）tx_bytes：所发送的字节数。

（12）rx_packets：接收的包数。

（13）tx_packets：发送的包数。

（14）test_set：指示哪个样本属于训练集，哪个样本属于测试集的指示符。“真”表示样本属于测试集，“假”表示样本属于训练数据集。

9.11.2 使用 Python 实现 CART 分类

（1）让我们导入必要的库。

```
import pandas as pd
from sklearn import metrics
from matplotlib import pyplot
from sklearn. metrics import roc_curve, auc, roc_auc_score
from sklearn import tree
from sklearn. metrics import classification_report, confusion_matrix
import seaborn
import graphviz
importos
from sklearn. cross_validation import train_test_split
```

（2）下一步将是上载数据集。

```
data = pd. read_csv( 'data_1Normalised - final. csv' )
y = data[ 'malware' ]
X = data. drop( 'malware', axis = 1)
```

（3）现在进行拆分，并利用分类器对样本进行分类。

```
X_train, X_test, y_train, y_test = train_test_split(X, y, test_size = . 7 ,random_state = None)
cls = tree. DecisionTreeClassifier( )
cls. fit( X_train, y_train)
pred_labels = cls. predict( X_test)
print( confusion_matrix( y_test, pred_labels) )
print( classification_report( y_test, pred_labels) )
```

（4）绘制 ROC 曲线，并计算 ROC 曲线下面积。

```
fpr, recall, thresholds = roc_curve( y_test,pred_labels) roc_auc = auc( fpr, recall)
pyplot. figure( figsize = (15,6) )
pyplot. plot( fpr, recall, 'b', label = 'AUC = %0. 2f' %
roc_auc, color = 'darkorange' )
pyplot. title( 'Receiver Operating Characteristic curve', fontsize = 20)
pyplot. legend( loc = 'lower right' )
```

```
pyplot.plot([0, 1], [0, 1], color='navy', linestyle='--')
pyplot.xlim([0.0, 1.0])
pyplot.ylim([0.0, 1.0])
```

```
pyplot.ylabel('True Positive Rate', fontsize=20)
pyplot.xlabel('False Positive Rate', fontsize=20)
pyplot.show()
print("Area under the ROC curve is ")
print(roc_auc_score(y_test, pred_labels))
```

（5）将决策树导出作为图形。

```
dot_data = tree.export_graphviz(cls, out_file = None)
graph = graphviz.Source(dot_data)
graph.render("CART classification")
```

（6）绘制混淆矩阵。

```
class_names = [0,1]
fig = pyplot.gcf()
cnf_matrix = metrics.confusion_matrix(y_test, pred_labels)
print(cnf_matrix)
seaborn.heatmap(cnf_matrix.T, square=True, annot=True,
fmt='d',
cbar=False, xticklabels=class_names, yticklabels=class_names,
cmap='summer_r',annot_kws={"size":20})
fig.set_size_inches(2,2)
pyplot.xlabel('true_label', fontsize=20)
pyplot.ylabel('predicted_label', fontsize=20)
```

（7）计算所有度量，推断有关分类器性能的更多信息。

```
print("Homogeneity: %0.6f" %
metrics.homogeneity_score(y_test, pred_labels))
print("Completeness: %0.3f" %
metrics.completeness_score(y_test, pred_labels))
print("V-measure: %0.3f" % metrics.v_measure_score(y_test, pred_labels))
print("Jaccard Similarity score : %0.6f"
% metrics.jaccard_similarity_score
```

```
(y_test, pred_labels,normalize = True, sample_weight = None))
print("Cohen's Kappa : %0.6f" %
metrics.cohen_kappa_score(y_test, pred_labels,
labels = None, weights = None))
print("Hamming matrix : %0.06f"
% metrics.hamming_loss(y_test, pred_labels,
labels = None, sample_weight = None, classes = None))
print("Accuracy Score : %0.06f"
% metrics.accuracy_score(y_test,
pred_labels,normalize = True,sample_weight = None))
print("Precision Score : %0.06f"
% metrics.precision_score(y_test,
pred_labels, labels = None,pos_label = 1, average = 'weighted',
sample_weight = None))
print("Mean Absolute Error : %0.06f"
% metrics.mean_absolute_error
(y_test, pred_labels,
sample_weight = None,multioutput = 'raw_values'))
print("F - Score : %0.06f" % metrics.f1_score(y_test,
pred_labels,
labels = None,
pos_label = 1,average = 'weighted',sample_weight = None))
print(metrics.classification_report(y_test, pred_labels))
```

包括不同数学度量和图形的 CART 分类输出如下（表 9.2）。

（1）ROC 曲线下面积为 0.97。

（2）均匀度：0.831635。

（3）准确性评分：0.973558。

（4）精度评分：0.974099。

（5）平均绝对误差：0.026442。

（6）*F* 评分：0.973552。

（7）完整性：0.832。

（8）V 量度：0.832。

（9）雅卡尔相似性评分：0.973558。

（10）科恩卡帕统计量：0.947123。

（11）汉明矩阵：0.026442。

表9.2为分类报告。此处，“0”表示标签为善意软件，“1”表示标签为恶意软件。支持是指用于分类任务的测试样本数量。分类错误的减少导致AUC值增加。当我们脱离分类器阈值时，真阳性率和假阳性率之间会进行权衡。图9.5所示为CART分类的ROC曲线图。ROC曲线下的面积为0.97。表9.3所列为指示真实标签和预计标签之间相关性的混淆矩阵。可从表9.3所列的混淆矩阵中推断出以下信息。

（1）真阳性＝410。

（2）真阴性＝400。

（3）假阳性＝18。

（4）假阴性＝4。

表9.2　分类报告

标签	精度	再呼叫	F_1 评分	支持
0	0.96	0.99	0.97	414
1	0.99	0.96	0.97	418
平均/总计	0.97	0.97	0.97	832

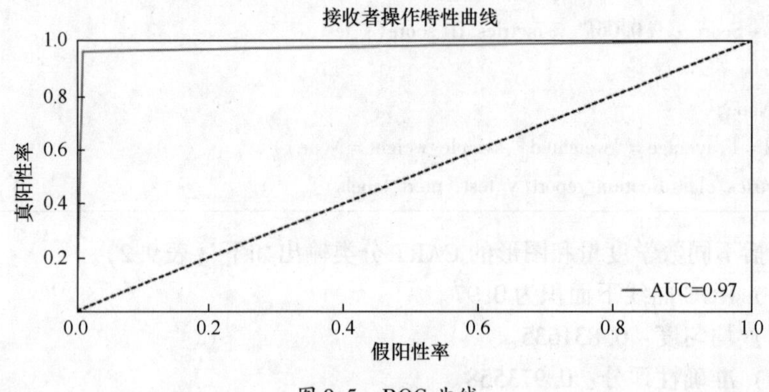

图9.5　ROC 曲线

表9.3　混淆矩阵

		真标签		
		0	1	总计
预计标签	0	410	18	428
	1	4	400	404
	总计	414	418	832

混淆矩阵是确定预测为真/假标签数量和实际为真/假标签数量的最佳方法之一。获得的决策树如图9.6所示。

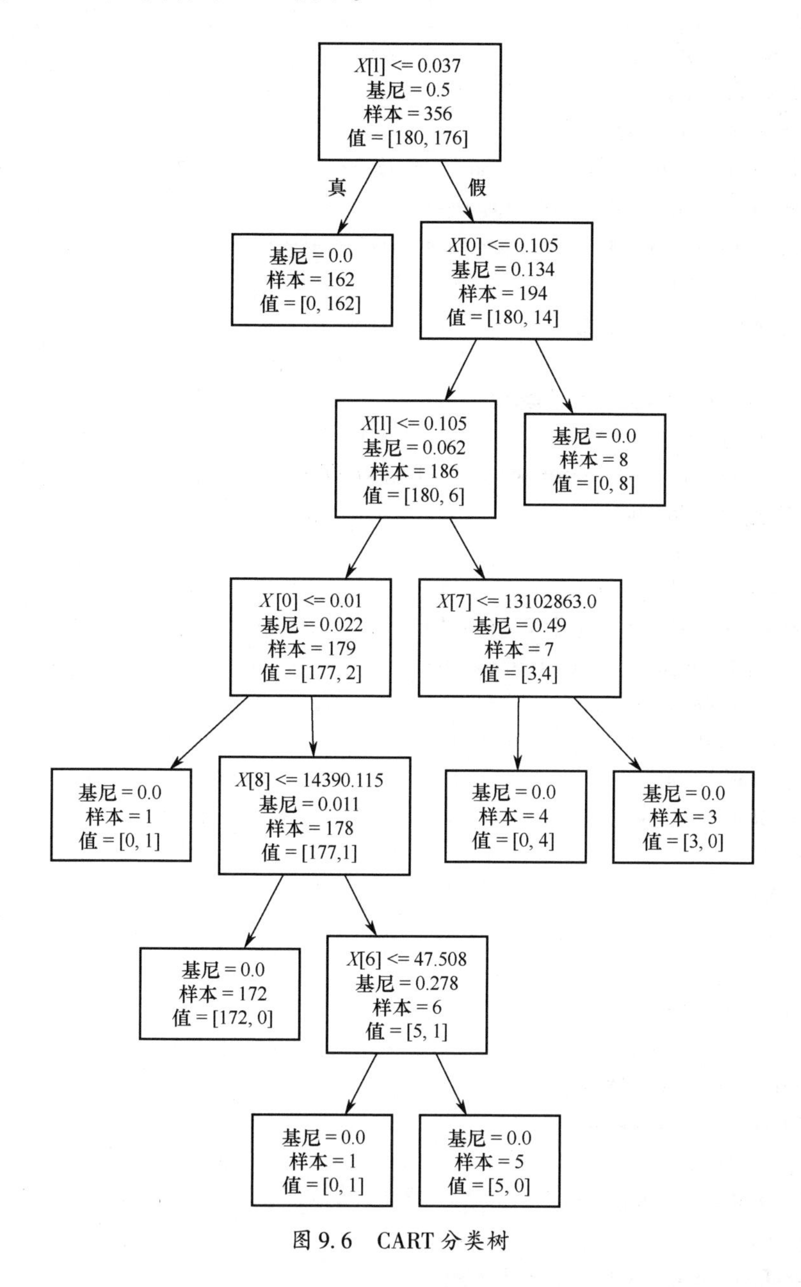

图9.6 CART分类树

9.11.3 使用 Python 实现 CART 回归

```
import pandas as pd
from sklearn import metrics
from matplotlib import pyplot
from sklearn.metrics import roc_curve, auc, roc_auc_score
from sklearn.tree import DecisionTreeRegressor
from sklearn.metrics import classification_report, confusion_matrix
from sklearn import tree
import graphviz
import os
import seaborn pyplot.style.use('ggplot')
seaborn.set(style='ticks')
os.environ["PATH"] +=os.pathsep+'C:/Program Files
(x86)/Graphviz2.38/bin/'
pyplot.style.use('ggplot')
seaborn.set(style='ticks')
data_Train=pd.read_csv('data_1Train.csv')
data_Test=pd.read_csv('data_1Test.csv')
X=data_Train.drop('malware', axis=1)
XX=data_Test.drop('malware', axis=1)
y=data_Train['malware']
yy=data_Test['malware']
X_train=X
X_test=XX
y_train=y
y_test=yy
cls=DecisionTreeRegressor()
cls.fit(X_train, y_train)
pred_labels=cls.predict(X_test)
print("Predicted set of labels are : ")
print(pred_labels)
print("Actual set of labels are : ")
print(y_test)
print(confusion_matrix(y_test, pred_labels))
print(classification_report(y_test, pred_labels))
```

```
print( " Accuracy Score : %0. 06f" % metrics. accuracy_score( y_test,
pred_labels, normalize = True, sample_weight = None) )
fpr, recall, thresholds = roc_curve( y_test, pred_labels)
roc_auc = auc( fpr, recall)
pyplot. figure( figsize = (15,6) )
pyplot. plot( fpr, recall, 'b', label = 'AUC = %0. 2f' % roc_auc, color = 'darkorange' )
pyplot. title( 'Receiver Operating Characteristic curve', fontsize =20)
pyplot. legend( loc = 'lower right' )
pyplot. plot( [0, 1], [0, 1], color = 'navy', linestyle = ' - - ' )
pyplot. xlim( [0. 0, 1. 0] )
pyplot. ylim( [0. 0, 1. 0] )
pyplot. ylabel( 'True Positive Rate', fontsize =20)
pyplot. xlabel( 'False Positive Rate', fontsize =20)
pyplot. show( )
print( " Area under the ROC curve is " )
print( roc_auc_score( y_test, pred_labels) )
dot_data = tree. export_graphviz( cls, out_file = None)
graph = graphviz. Source( dot_data)
graph. render( " dt - regr" )
class_names = [0,1]
fig = pyplot. gcf( )
cnf_matrix = metrics. confusion_matrix( y_test, pred_labels)
print( cnf_matrix)
seaborn. heatmap( cnf_matrix. T, square = True, annot = True, fmt = 'd', cbar = False, xticklabels
 = class_names, yticklabels = class_names, cmap = 'summer_r', annot_kws = { " size" :20} )
fig. set_size_inches(2,2)
pyplot. xlabel( 'true_label', fontsize =20)
pyplot. ylabel( 'predicted_label', fontsize =20)
print( " Homogeneity: %0. 6f" % metrics. homogeneity_score( y_test, pred_labels) )
print( " Completeness: %0. 3f" % metrics. completeness_score( y_test, pred_labels) )
print( " V - measure: %0. 3f" % metrics. v_measure_score( y_test, pred_labels) )
print( " Jaccard Similarity score : %0. 6f"
% metrics. jaccard_similarity_score
( y_test, pred_labels, normalize = True, sample_weight = None) )
print( " Cohen's Kappa : %0. 6f" %
metrics. cohen_kappa_score( y_test, pred_labels, labels = None, weights = None) )
print( " Hamming matrix : %0. 06f" % metrics. hamming_loss( y_test, pred_labels,
```

```
labels = None, sample_weight = None, classes = None))
print("Accuracy Score : %0.06f" % metrics.accuracy_score(y_test, pred_labels,normalize = True,sample_weight = None))
print("Precision Score : %0.06f" %metrics.precision_score(y_test, pred_labels, labels = None, pos_label = 1, average = 'weighted', sample_weight = None))
print("Mean Absolute Error : %0.06f" %metrics.mean_absolute_error (y_test, pred_labels, sample_weight = None,multioutput = 'raw_values'))
print("F - Score : %0.06f" %metrics.f1_score(y_test, pred_labels, labels = None, pos_label = 1,average = 'weighted',sample_weight = None))
print(metrics.classification_report(y_test, pred_labels))
```

包括不同数学度量和图形在内的 CART 回归输出如下所述（表9.4）。

（1）ROC 曲线下面积为0.96。

（2）均匀度：0.765912。

（3）准确性评分：0.961783。

（4）精度评分：0.961791。

（5）平均绝对误差：0.038217。

（6）*F* 评分：0.961781。

（7）完整性：0.766。

（8）V 量度：0.766。

（9）雅卡尔相似性评分：0.961783。

（10）科恩卡帕统计量：0.923523。

（11）汉明矩阵：0.038217。

表9.4　分类报告

标签	精度	再呼叫	F_1 评分	支持
0	0.96	0.97	0.96	401
1	0.96	0.96	0.96	384
平均/总计	0.96	0.96	0.96	785

表9.4包含分类报告；“0”表示标签为善意软件，“1”表示标签是恶意软件。支持是用于分类任务的测试样本数量。

分类错误的减少导致 AUC 值增加。当我们脱离分类器阈值时，真阳性率和假阳性率之间会进行权衡。图9.7所列为 CART 回归的 ROC 曲线图。ROC 曲线下的面积为0.96。表9.5所列为指示真实标签和预计标签之间相关性的混淆矩阵，可从混淆矩阵中推断出以下信息。

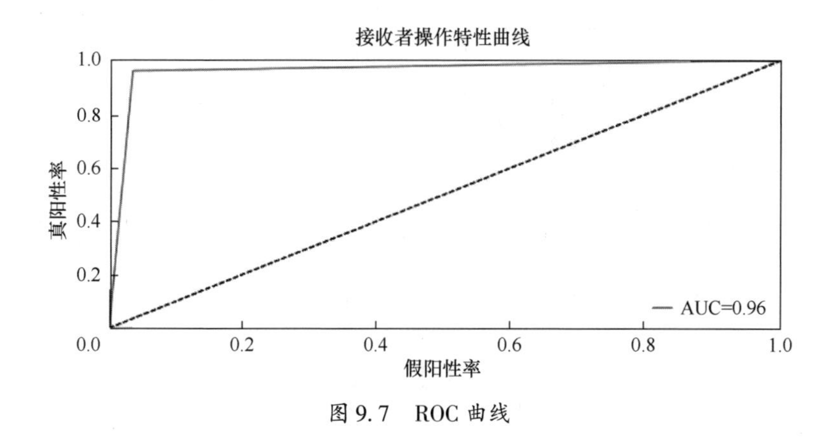

图 9.7 ROC 曲线

表 9.5 混淆矩阵

		真标签		
		0	1	总计
预计标签	0	387	16	403
	1	14	368	382
	总计	401	384	785

混淆矩阵是确定预测为真/假的标签数量和实际为真/假的标签数量的最佳方法之一。获得的决策树如图 9.8 所示。

（1）真阳性 =368。

（2）真阴性 =387。

（3）假阳性 =14。

（4）假阴性 =16。

9.11.4 使用 Python 实现 ID3

```
import pandas as pd
fromid3 import Id3Estimator
fromid3 import export_graphviz
from sklearn. model_selection import train_test_split
from sklearn import metrics
from matplotlib import pyplot
from sklearn. metrics import roc_curve, auc, roc_auc_score
from sklearn. metrics import classification_report, confusion_matrix import seaborn
```

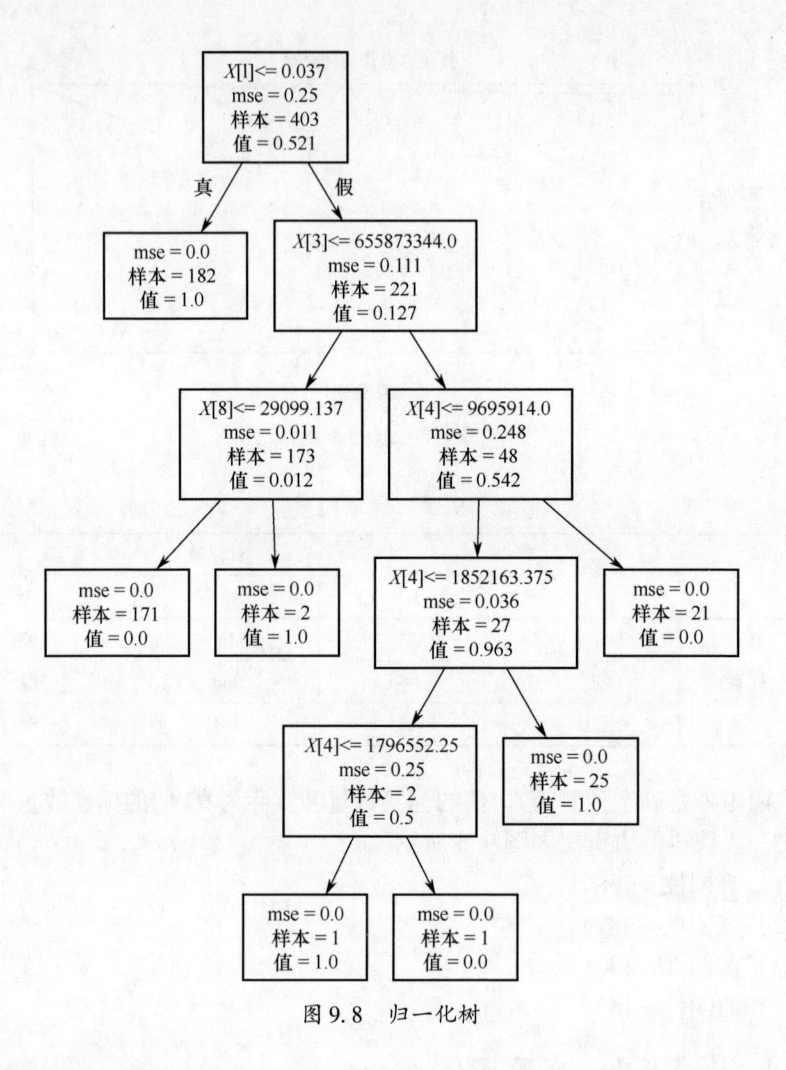

图 9.8　归一化树

```
pyplot. style. use( 'ggplot' )
seaborn. set( style = 'ticks' )
data = pd. read_csv( 'data_1Normalised-final. csv' )
feature_names = [ 'cpu_sys', 'cpu_user', 'max_pid', 'memory', 'rx_bytes',
'rx_packets', ' total_pro', 'tx_bytes', 'tx_packets', 'swap']
print( feature_names )
y = data[ 'malware' ]
X = data. drop( 'malware', axis = 1 )
class_names = [ 1 ,0 ]
X_train, X_test, y_train, y_test = train_test_split( X, y, test_size = . 66 ,random_state = None) es-
```

```
timator = Id3Estimator( )
est = estimator. fit( X_train, y_train, check_input = True) pred_labels = est. predict( X_test)
export_graphviz( estimator. tree_, 'id3-3. dot', feature_names)
print( confusion_matrix( y_test, pred_labels) )
print( classification_report( y_test, pred_labels) )
print( " Accuracy Score : %0. 06f" % metrics. accuracy_score( y_test, pred_labels, normalize =
True, sample_weight = None) )
fpr, recall, thresholds = roc_curve( y_test, pred_labels)
roc_auc = auc( fpr, recall)
pyplot. figure( figsize = (15,6) )
pyplot. plot( fpr, recall, 'b', label = 'AUC = %0. 2f' % roc_auc, color = 'darkorange')
pyplot. title( 'Receiver Operating Characteristic curve', fontsize =20)
pyplot. legend( loc = 'lower right')
pyplot. plot( [0, 1], [0, 1], color = 'navy', linestyle = '--')
pyplot. xlim( [0. 0, 1. 0])
pyplot. ylim( [0. 0, 1. 0])
pyplot. ylabel( 'True Positive Rate', fontsize =20)
pyplot. xlabel( 'False Positive Rate', fontsize =20)
pyplot. show( )
print( " Area under the ROC curve is " )
print( roc_auc_score( y_test, pred_labels) )
fig = pyplot. gcf( )
cnf_matrix = metrics. confusion_matrix( y_test, pred_labels)
print( cnf_matrix)
seaborn. heatmap( cnf_matrix. T, square = True, annot = True, fmt = 'd',
cbar = False, xticklabels = class_names, yticklabels = class_names,
cmap = 'summer_r', annot_kws = { "size" :20} )
fig. set_size_inches(2,2)
pyplot. xlabel( 'true_label', fontsize =20)
pyplot. ylabel( 'predicted_label', fontsize =20)
print( "Homogeneity: %0. 6f" % metrics. homogeneity_score( y_test, pred_labels) )
print( "Completeness: %0. 3f" % metrics. completeness_score( y_test, pred_labels) )
print( "V-measure: %0. 3f" % metrics. v_measure_score( y_test, pred_labels) )
print( "Jaccard Similarity score : %0. 6f"
% metrics. jaccard_similarity_score
( y_test, pred_labels, normalize = True, sample_weight = None) ) print( "Cohen's Kappa : %0. 6f" %
metrics. cohen_kappa_score( y_test, pred_labels, labels = None, weights = None) )
```

```
print("Hamming matrix : %0.06f" %metrics.hamming_loss(y_test, pred_labels,
labels=None, sample_weight=None, classes=None))
print("Accuracy Score : %0.06f" %metrics.accuracy_score(y_test, pred_labels,normalize=
True,sample_weight=None))
print("Precision Score : %0.06f" %metrics.precision_score(y_test, pred_labels, labels=None,
pos_label=1, average='weighted', sample_weight=None))
print("Mean Absolute Error : %0.06f" %metrics.mean_absolute_error (y_test, pred_labels,
sample_weight=None,multioutput='raw_values'))
print("F-Score : %0.06f" %metrics.f1_score(y_test, pred_labels, labels=None, pos_label=1,
average='weighted',sample_weight=None))
print(metrics.classification_report(y_test, pred_labels))
```

用于实现ID3决策树算法的模块为Decision-tree-id3。该软件包随附一个估算器，称为Id3Estimator。使用id3 import Id3Estimator中的命令将其导入到机器学习算法库中。

ID3算法的输出如下。

（1）ROC曲线下面积为0.97。

（2）均匀度：0.805368。

（3）准确性评分：0.969427。

（4）精度评分：0.969643。

（5）平均绝对误差：0.030573 。

（6）*F*评分：0.969434。

（7）完整性：0.805。

（8）V量度：0.805。

（9）雅卡尔相似性评分：0.969427。

（10）科恩卡帕统计量：0.938824。

（11）汉明矩阵：0.030573。

表9.6所列为分类报告："0"表示标签为善意软件，"1"表示标签为恶意软件。支持是用于分类任务的测试样本数量。分类错误的减少导致AUC值增加。当我们脱离分类器阈值时，真阳性率和假阳性率之间会进行权衡。图9.9所示为CART分类的ROC曲线图。ROC曲线下的面积为0.97。表9.7所列为指示真实标签和预计标签之间相关性的混淆矩阵。可从表9.7所列的混淆矩阵中推断出以下信息。

（1）真阳性=390。

（2）真阴性=371。

表 9.6 分类报告

标签	精度	再呼叫	F_1 评分	支持
0	0.96	0.98	0.97	379
1	0.98	0.96	0.97	406
平均/总计	0.97	0.97	0.97	785

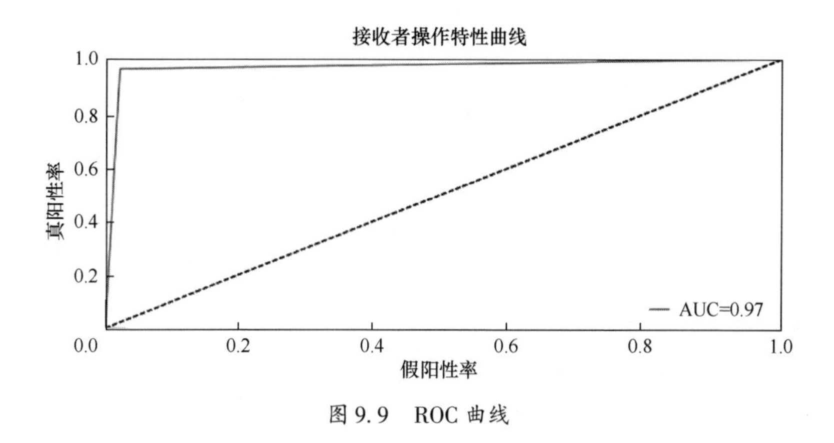

图 9.9 ROC 曲线

表 9.7 混淆矩阵

		真标签		
		0	1	总计
预计标签	0	371	16	387
	1	8	390	398
	总计	379	406	785

（3）假阳性 =8。

（4）假阴性 =16。

混淆矩阵为确定预测为真/假的标签数量和实际为真/假的标签数量的最佳方法之一。获得的决策树如图 9.10 所示。

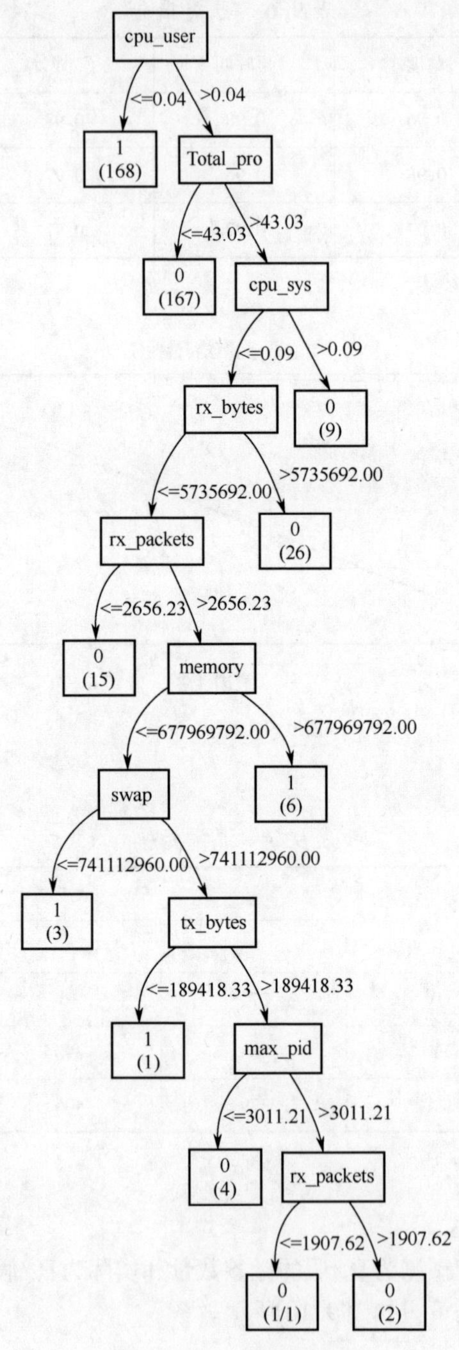
cpu_user
<=0.04
>0.04
1
(168)
Total_pro
<=43.03
>43.03
0
(167)
cpu_sys
<=0.09
>0.09
rx_bytes
0
(9)
<=5735692.00
>5735692.00
rx_packets
0
(26)
<=2656.23
>2656.23
0
(15)
memory
<=677969792.00
>677969792.00
swap
1
(6)
<=741112960.00
>741112960.00
1
(3)
tx_bytes
<=189418.33
>189418.33
1
(1)
max_pid
<=3011.21
>3011.21
0
(4)
rx_packets
<=1907.62
>1907.62
0
(1/1)
0
(2)

图 9.10　ID3 决策树

9.12 决策树的最新应用

航空业遭受网络攻击的几率很高，可通过采用其他机械学习算法（包括决策树）解决。捕获网络流量并检查传输文件签名是用于检测各种网络威胁的方法之一。决策树可用于检测病毒攻击以及挖掘安全日志模式以便识别潜在威胁。

尽管 IDS 可用于大数据的云计算，但其为云基础架构中较少探索的领域。KDD Cup’99 数据集可用于此实验。对数据集进行必要的预处理，例如，数据集中的字符串值应替换为其对应的列号。下一步是对数据进行标准化处理，然后可使用训练集构建决策树。树最终输出测试数据的标签。

僵尸网络是当今最流行的通过 Internet 传播恶意代码的方法之一。普遍认为其危害显著大于恶意软件应用程序，因为其很容易在短时间内跨网络传播并攻击多个系统。分类和回归树（CART）算法可用于特征选择。可通过被动监视网络流量，基于 TCP 控制包提取与 TCP 连接有关的信息，以便提取相关特征。此外，可通过消除对分类问题影响很小的决策树，以便减少决策树的数量。

第 10 章　网络安全中的对抗机器学习

10.1　简　　介

对抗机器学习算法将生成对抗性样本，其生成的伪造输入数据可欺骗任何机器学习模型。例如，可将善意软件的属性添加到恶意软件可执行文件，使得分类器将恶意样本识别为善意样本。顾名思义，“对抗”是指攻击者或敌人。如果您正在思考敌人在机器学习领域做了什么，本章将向您介绍机器学习模型的脆弱程度及其在学习过程中遭到误解的程度。如果提供给机器学习模型的任何输入数据集出现分类错误，我们将其称为对抗性样本。本章将研究如何在网络安全的不同领域生成对抗性样本。随着在防御和早期发现网络世界中的恶意活动方面，机器学习算法的主导地位不断提高，研究人员也开始投入时间和资源，寻找机器学习的缺陷。计算机智能始终取决于如何进行学习。机器学习将在恶意程序检测或模式识别、面部识别、物体识别、无人驾驶汽车或垃圾邮件检测领域发挥重要作用。

先前的研究还证明，对于恶意可执行文件的对抗性样本，错误分类率非常高。考虑一个二进制分类问题，其中 $\boldsymbol{X}=\{X_1, X_2,\cdots, X_n\}$ 是 n 个恶意软件样本的特征向量，而 $Y=\{Y_1, Y_2,\cdots, Y_n\}$ 是对应于各恶意软件样本对应的标签数量。攻击者的目的是影响分类器的决策能力，以便标签 Y_i 远离其实际值（在二进制分类器的情况下为滚翻）。基本上不适用于单独的二进制分类器，也可应用于带有多个标签的机器学习模型。令 f：$X \rightarrow Y$ 为分类函数。对应于 $X_i \in X$ 的对抗性样本 X_i^* 如下：

$$X_i^* = X_i + \delta_i \tag{10.1}$$

$f(X_i+\delta_i) \neq f(X_i)$ 和 δ_i 是特征向量的任何小扰动，导致机器学习模型发生分类错误。在将模型部署到任何工作前，重要的是测试任何机器学习算法抵抗对抗性攻击的稳健性。尽管机器学习分类器的安全性仍面临争议，但机器学习模型的有效性仍使研究人员研究如何防御由对抗性样本引起的攻击。

众所周知，神经网络容易受到对抗性样本的攻击。对抗性样本（也称为生成样本）与实际输入数据非常接近，最终导致分类错误。通常很难检测到对抗性样本。以下各节将帮助读者找到以下具体问题的答案。

(1) 如何产生具有高置信度的对抗性样本，有效地欺骗机器学习模型？

(2) 目前有哪些不同的方法可生成对抗性样本？

(3) 从实践生成的对抗性样本中可获得什么见解？

10.2 网络安全中的对抗性攻击

为生成对抗性样本，会对合法数据进行微扰。扰动的方式确保其几乎无法被人体感官察觉。但是，不要忘记，此类微小的变化足以导致机器学习模型受到欺骗。攻击者旨在误导机器学习模型所做的预测。在本节中，我们将快速了解对抗性攻击如何导致网络世界中的安全问题。

设计对抗性恶意软件可执行文件包括不同的过程，其中之一是修改 API 调用顺序。生成器输出修改后的恶意软件，通过更改 API 调用顺序将其错误分类为善意软件。C ++ 编程语言支持包裹函数，此类函数可在运行时根据修改后的 API 调用顺序包裹恶意软件二进制文件。在添加 API 调用时应注意不要影响二进制文件的恶意行为。稍后可通过监视 Cuckoo 沙箱中的各样本，验证生成的对抗性样本功能。有许多代码可用于生成此类保留功能的恶意样本，此类样本可用于欺骗恶意程序检测系统。其中之一就是“无操作攻击”，其能够添加 API 调用而不会影响可执行文件的工作流程。

机器学习可用于自动垃圾邮件过滤。众所周知，存在许多垃圾邮件制作应用程序，其生成大量的垃圾邮件。机器学习算法已成功证明其在基于内容的垃圾邮件过滤方面所具有的优势，从而抑制未经请求的电子邮件传播。尽管适应性是任何机器学习算法的主要优点之一，但是当对抗性样本操纵学习阶段时，对抗性样本便成为一种威胁。在实际情况下，攻击者很容易生成精心制作的样本，从而使机器学习模型从无效的分类规则中推断出结果。在垃圾邮件检测域中，对抗性样本可制作垃圾邮件消息，导致基础机器学习算法在对将来的传入消息进行分类时会受到不利影响。“字典式攻击”是任何攻击者都可发起的最简单攻击之一，其可禁用垃圾邮件过滤器。“重点攻击”等攻击着眼于如何防止受害者查看特定种类的电子邮件，而“伪垃圾邮件攻击”则能够以使垃圾邮件进入用户收件箱，从而更改过滤器。在“诱发攻击”中，攻击者将能够影响分类器使用的训练数据。在其他情况下，攻击者也可通过观察分类器对新电子邮件的反应进行“探索性攻击”。对抗性攻击包括选择所需的受害者并通过发送攻击消息更改训练集。现在，垃圾邮件过滤器可能会随着攻击消息的重新训练而遭到感染。将导致新传入消息分类错误。

语音识别模型也容易受到对抗性攻击。在人工智能研究迅速发展下，自动语音识别系统（如 Microsoft 的 Cortana、Apple 的 Siri、Amazon 的 Alexa 等）容易受到对抗性攻击。当前，智能手机提供了面部锁定系统，用户只需将相机对准用户的面部就可解锁手机。事实证明，面部识别系统非常脆弱，可通过对抗性攻击算法生成伪造图像，人类可识别出机器学习算法无法识别的图像。面部识别系统更加容易中毒，这是因为在训练阶段很容易伪造面部关键点。攻击者可戴墨镜或口罩，欺骗面部检测系统。我们将在下一部分中讨论中毒攻击。

无人驾驶汽车是当今人工智能研究高速发展的领域之一。攻击者可对由物体识别系统和其他附着在汽车上的传感器捕获的图像进行细微操纵，从而导致汽车转向角度误差。标志识别是自动驾驶汽车最不可或缺的功能之一。交通标志识别的潜在错误可能导致灾难。

在构建入侵检测系统（IDS）的同时，多态恶意软件一直是基于特征的恶意程序检测系统的问题之一。为此，攻击者很容易解压缩恶意软件并加以混淆，从而导致其哈希值发生显著变化，因为检测机制将仅寻找签名的完全匹配项。其可能导致恶意样本绕过未检测到的检测机制。

10.3 对抗性攻击类型

对抗性攻击分为中毒攻击和逃避攻击两种类型。现在，我们将讨论此类攻击的详细信息。

中毒攻击是一类针对机器学习模型的对抗性攻击，其中对一小部分训练数据进行修改，以便欺骗分类器。如前所述，机器学习已成为当今许多应用程序中至关重要的部分，如过滤垃圾邮件消息、计算机视觉、入侵检测系统、恶意程序检测等。训练和测试是构成机器学习模型的关键组件，更加适合提取特征和进行预测。通过向训练数据集注入足以欺骗机器学习模型的恶意数据实现中毒攻击。随着每天生成的恶意软件样本数量的增加，正在恶意软件攻击的早期检测和预防方面开展大量研究。我们针对恶意程序检测对本书中的各种技术进行迭代，由于其造成的损害，近年来，恶意入侵越来越受到关注。专为中毒攻击而设计样本，因此只能添加或删除特征。此类特征具有特定的数量，并且基于语法的特征用于生成样本。攻击者可注入尽可能多的特征变量，以便在一定范围内对各特征施加扰动，对分类器进行混淆，并使其在某些情况下做出错误决定。扰动不过是善意软件特征的变化，目的是将恶意软件误分类为善意软件。

如前所述，面部识别系统更容易遭受中毒攻击。通过将有毒的实例小心地放置在训练数据中，可轻松地操纵该系统。由于人眼难以察觉到图像像素的微小变化，因此图像看起来不太可疑。

躲避攻击是指入侵者在测试数据集中生成样本的攻击。攻击者最大限度地提高原始类别的对抗性样本损失，从而导致分类错误，使样本归类为其他类别。通常将在决策过程中躲避攻击，因为攻击的主要目的是在对模型进行一些随机数据测试时发起攻击。

尽管不同类型的对抗性攻击足以削弱机器学习模型的性能，但也正在开发许多防御技术。

10.4 对抗性样本生成算法

目前存在多种攻击全功能机器学习模型的方法，攻击者并非总是拥有针对所实施的确切机器学习模型的白盒访问权限；在此类情况下，会选择黑盒攻击创建对抗性样本，这是因为黑盒模型支持可传递性。在大多数情况下，只要所有模型都执行相同的任务，则为特定机器学习模型制作的样本也会成功地影响其他机器学习模型。因此，负责解决受害者问题的机器学习模型的信息很少，攻击者可通过制作的样本训练代理模型并将其转移给受害者。这还要求攻击者获取训练特征集以生成对抗性样本。有一些研究出版物解释了能够进行黑盒攻击而无须利用可传递性以便生成对抗性样本的技术。本节将讨论能够欺骗特定机器学习模型的算法。目前有许多可用于创建对抗性样本的算法，这里我们将仅详细介绍两个算法及其实现方式，其他算法仅做简要介绍。不同的算法如下。

（1）生成式对抗性网络（GAN）。

（2）快速梯度符号法。

（3）L-BFGS。

（4）卡利尼 - 瓦格纳攻击。

（5）弹性网络方法。

（6）基本迭代法。

（7）动量迭代法。

10.4.1 生成式对抗性网络

生成式对抗性网络（GAN）是一种通过学习并近似原始特征集的分布，从而生成对抗性样本的技术。深层神经网络（DNN）已被证明是最有效的机器学习算法之一，适用于某些大规模实际应用（如面部识别、无人驾驶车辆的对象识别、语音处理、机器人技术、医疗成效等)，但是，最近开展的实验发现，DNN 容易受到对抗性攻击，从而对输入数据引入较小的扰动，与 DNN 的实际预测产生偏差。在为 DNN 生成对抗性样本方面，目前有许多正在开展的研究。GAN 也可以为图像处理以及恶意程序检测的相关实验创建样本。它甚至能够从噪声生成图像，从而对当前的图像识别系统构成巨大威胁。

GAN 包括如上所述的发生器 G 和鉴别器 D。首先，我们具有将创建手工样本的数据集。G 捕获该数据集的分布。D 计算出该样本属于原始数据集而非由 G 创建的概率。G 旨在制作此类样本，以便最大限度地提高 D 对输入样本进行错误分类的概率。D 的工作是确定传入样本的合法性。GAN 是 DNN 架构。当样本馈送到 GAN 时, D 将对 G 的输出进行评估，以便确定样本来自何处。神经网络利用反向传播，更新发生器的权重，以产生损失更少的输出。在此，鉴别器仅用作分类器。

为便于理解，我们可将 GAN 解释为两个参与者之间的博弈，其中一个参与者 G 创建了制作样本，而另一个参与者 D 试图确定传入样本的真实性。在默认情况下，生成器 G 试图欺骗鉴别器 D，并且当 D 在对 G 生成的样本进行分类发生错误时，则尝试将视为成功。GAN 训练为分步过程。我们考虑用二进制恶意软件分类问题解释 GAN。详细信息如下。

(1) 向发生器 G 中馈入随机噪声。令 (x, y) 为输入标签对，并转换为 (x', y')。x'为制作的输入，y'为假标签。

(2) 交替向鉴别器 D 提供实际样本 x 和制作的输入 x'。

(3) D 返回一个概率，其为 $0 \sim 1$ 的任何数字。

(4) G 和 D 均为反馈回路。G 为带有 D 的反馈回路，而 D 是带有实际训练特征集的反馈回路。

(5) 正如我们一开始所述，我们考虑二进制分类器，其将输入样本分类为恶意软件或善意软件。

(6) D 的损失是将实际样本和制作样本作为输入时，神经网络的损失之和。由于各网络都有不同的目标函数，因此 G 分别计算其噪声。

(7) 应用优化算法，并在一定数量的时期内重复上述步骤。

最大似然估计是在 GAN 上应用的过程，用于为机器学习模型选择参数，以便最大限度地提高训练数据的似然性。通过从训练集中选择样本，创建数据分布，然后确定就此类制作样本而言机器学习模型的概率。

同时考虑 $G(z;\theta_G)$ 和 $D(x;\theta_D)$ 为多层感知器，定义输入噪声变量 z，研究发生器 G 在输入数据 x 上的分布 pG。则 $D(x)$ 是指 x 为合法样本且不是攻击者制作的概率。对 D 进行训练，以便最大限度地提高对 G 创建的样本进行标准的概率，而对 G 进行训练，以便最大限度地减小 $\log(1-D(G(z)))$。然后，值函数 $V(G,D)$ 可定义为

$$\min_{G}\max_{D}V(D,G)=\mathbb{E}_{x\sim Pdata(x)}[\log D(x)]+\mathbb{E}_{z\sim P_z}[\log(1-D(G(Z)))] \tag{10.2}$$

在实际实施过程中，上述公式可能无法为 G 提供足够的梯度以便更好地进行学习。这是因为在训练的开始阶段，D 可能会对传入样本进行错误分类，因为其可能与实际训练数据存在明显差距。这可能导致 $\log(1-D(G(z)))$ 饱和。因此，最好训练 G 以便最大限度提高 $\log(D(G(z)))$。以下为生成器、鉴别器和 GAN 的简单代码。

```
generator = Sequential([
Dense(128, input_shape = (100,)),
LeakyReLU(alpha =0.01),
Dense(784),
Activation('tanh')
], name = 'generator')
```

```
discriminator = Sequential([
Dense(128, input_shape = (784,)),
LeakyReLU(alpha =0.01),
Dense(1),
Activation('sigmoid')], name = 'discriminator')
```

```
gan = Sequential([
generator,
discriminator])
```

10.4.2 快速梯度符号法

快速梯度符号法（FGSM）是 Goodfellow 提出的生成对抗性样本的算法之一。梯度下降不过是一种优化算法，可找到可微函数的局部最小值。梯度符号方法利用基础机器学习模型的梯度确定对抗性示例。如果 $x\in X$ 并且 X 是一个恶意软件数据集，则通过向 x 的各特征值减去或添加细微的误差值 ε，制作实际的样本 x，或者在制作图像的情况下，对各像素值也要减去或添加一个细微的误差值 ε。基于像素（就图像而言）的梯度符号是正还是负进行加法或减

法。如果在梯度方向上添加误差值，则会特意更改图像，从而导致分类器失效。

令 x 为从实际训练数据集 X 提取的任何样本数据点，y 为数据点的标签，θ 为与模型关联的参数。如果训练神经网络的成本函数表示为 $J(\theta, x, y)$，则可将其线性化以获得最优的最大范数约束扰动。扰动由下式计算：

$$\eta = \varepsilon \mathrm{sign}(\Delta_x J(\theta, x, y)) \tag{10.3}$$

式中：$\Delta_x J$ 为模型 w. r. t. （原始输入变量 x）的损失函数梯度。因此，制作的样本由下式计算：

$$x' = x + \eta \tag{10.4}$$

如果样本特征向量中的感应噪声导致损失增加（图像的像素强度增加），则梯度符号被认为是正的；如果损失减少（图像的像素强度减小），则梯度的符号被认为是负的。最近的研究工作还表明，可通过添加与更改图像单个像素值一样小的扰动，欺骗深度神经网络。

最大范数约束是一种正则化形式，其中对网络中各神经元的权重变量大小应用绝对上限，并使用项目梯度下降来强制执行约束。实际上，在实现时会更新神经网络中的参数，从而约束各神经元的权重 w，以便满足 $\|w\|_2 < c$。在使用梯度下降训练神经网络的同时，应在反向传播期间更新不同的参数。当将神经网络中的神经元设置为固定值时，该神经元就受到约束。在系统运行时，输入单元的激活级别始终固定在所需的值上。

10.4.3 L-BFGS 算法

有限内存的 Broyden-Fletcher-Goldfarb-Shanno 算法（L-BFGS）是一种基于梯度的攻击，可用于创建对抗性样本。其采用强力白盒方法。L-BFGS 算法可简单地运行较少的迭代次数，从而以较低的成功率发起攻击。令 x 为从训练数据集获取的样本，x'为相应的对抗性样本。该算法旨在解决以下优化问题：

$$\text{最大限度减小 } c \cdot \|x - x'\|_2^2 + \mathrm{loss}_{F,l}\ (x')$$

$$\text{从而使得 } x' \in [0,\ 1]^n$$

式中：$\mathrm{loss}_{F,l}$为将输入特征集映射到正实数的函数；F 为神经网络；l 为损失函数。通过行搜索确定适当的常数 $c > 0$，其会生成最小距离的对抗性样本。针对 c 的不同值解决优化问题。

10.4.4 卡利尼 – 瓦格纳攻击（CW 攻击）

在此，将制作的样本创建为优化问题。旨在确定与输入特征集 x 的小偏差 δ，以便机器学习模型为其分配不同的标签。所开展的实验证明，“卡利尼 – 瓦格纳”攻击产生的对抗性样本的失真更少，甚至比 FGSM 攻击少。在大多数情况下，卡利尼 - 瓦格纳攻击用于生成攻击者，其中有关检测机制和所使用的机器学习模型的知识为零。攻击旨在通过梯度下降最大限度地降低扰动：

$$\text{最大限度减小}\|x-x'\|_2^2+c\cdot l(x') \tag{10.5}$$

式中：c 为任何常数；x 为原始数据；x'为制作的数据；$l(\ )$ 为损失函数。$l(\ )$ 由下式进行计算：

$$l(x')=\max(\max\{Z(x')_i:i\neq t\}-Z(x')_t,-k) \tag{10.6}$$

式中：t 为目标类别，而 $\max\{Z(x')_i: i\neq t\}-Z(x')_t$是用来将类别 t 与下一个最可能的类别进行比较的差，称为 logits 的 Z 是神经网络的最后一层。k 的值对此类对抗性样本的置信度具有潜在影响。随着 k 值的增加，生成的对抗性样本将具有高置信度，而当 $k=0$ 时，对抗性样本被视为具有低置信度。“低置信度”表示在分类后，将向实际样本和制作样本分配相同的标签。

对抗性稳健性工具箱实施卡利尼 - 瓦格纳 L_2攻击，可在实验时诱发其进行攻击。

10.4.5 弹性网络法

弹性网络法（EAD）是前面所述的 CW 攻击所启发的攻击之一。EAD 使用与 CW 攻击相同的损失函数，并执行弹性网络正则化，而非 L_2（脊线）和 L_1（套索）正则化。弹性网络正则化结合了脊线和套索正则化的惩罚，并旨在最大限度地减小以下损失函数：

$$\min_{z\in Z} f(z)+\lambda_1\|z\|_1+\lambda_2\|z\|_2^2 \tag{10.7}$$

式中：p 优化变量形成变量 z；$Z=\mathbb{R}^p$ 是一组可行解；$f(z)$ 为损失函数；λ_1和 λ_2为 L_1和 L_2正则化参数，λ_1，$\lambda_2\geqslant 0$；$\|z\|_q$是 z 的 L_q范数；$\lambda_1\|z\|_1+\lambda_2\|z\|_2^2$ 是 z 的弹性网络正则器。弹性网络正则化在 $\lambda_1=0$ 时成为脊线回归公式，在 $\lambda_2=0$ 时成为套索公式。弹性网络正则化能够选择高度相关的特征，克服由于选择高维特征而引起的缺陷。$f(z)$ 的损失函数成为标准回归问题的均方误差，z 代表特征的权重。设 f 为创建精制样本的损失函数，则 $f(x)$ 为

$$f(x,t)=\max\{\max_{j\neq t}[\text{Logit}(x')]_j-[\text{logit}(x')]_t,-k\} \tag{10.8}$$

式中：t 是目标类别；$\text{Logit}(x')=[[\text{Logit}(x')]_1,\cdots,[\text{Logit}(x')]_k]\in\mathbb{R}^k$ 是神经网络中 xr 的 logit 层（神经网络的最后一个神经元层）；k 为分类问题中考虑的类别总数，$k\geqslant 0$ 为负责确保 $\max_{j\neq t}[\text{Logit}(x')]_j$ 和 $\text{Logit}(x')_t$之间的恒定间隙置信度参数。

10.4.6 基本迭代法

基本迭代法也称为投影梯度下降法，是对于基本快速梯度符号法的扩展。令 x 为输入样本，x'为制作的样本。然后使用以下迭代过程生成对抗性样本：

$$\begin{aligned} &x'_0 = x, \\ &x'_{n+1} = \text{Clip}_{x,e}\{x'_n + \alpha\text{sign}(\nabla_x J(x'_n, y_{\text{true}})\} \end{aligned} \tag{10.9}$$

式中：α 为步长。梯度下降是一种旨在找到最佳权重并最大限度降低函数损失的优化算法。步长通过确定在尽量减少损失同时的移动量，协助确定应如何修改权重。步长越小，训练时间就越长，并且将需要更多时间计算最佳权重。$\text{Clip}_{x,e}\{A\}$ 表示 x 的逐元素裁剪，∇_x 是指模型的梯度。

10.4.7 动量迭代法

动量迭代快速梯度法是一种白盒攻击算法，旨在通过在每次迭代过程中累积损失函数的梯度稳定优化并逃避局部最小值。生成对抗性样本的优化问题为

$$\arg\max_{x'} J(x', y), \|x' - x\|_\infty \leqslant \varepsilon \tag{10.10}$$

式中：$J(x',y)$ 是用于训练机器学习模型的损失函数，定义为 $J(x', y) = -y \cdot \log(p(x'))$；$p(x')$ 是给定输入 x' 的任何机器学习模型的预测概率，而 ε 是对抗性扰动的大小。许多研究工作表明，动量迭代法生成的对抗示例在黑盒攻击和白盒攻击中均显示出更高的成功率。

10.5 对抗性攻击模型和攻击

正如我们已看到不同模型可通过创建制作的样本欺骗机器学习算法一样，理解防御机制也同样重要。对抗性攻击的防御技术有助于使机器学习模型能够抵制输入数据中的潜在扰动。cleverhans 是一种提供实现机器学习模型功能的实现方法。其还具有实现防御机制的模块。此处还采用了构建对抗性样本的相同概念。如果我们在训练阶段故意向机器学习模型提供制作的样本，将会出现什么结果？显然，这将有助于机器学习模型通过持续学习提高其性能。

机器学习的安全性是一个研究领域，近来受到研究人员的极大关注。威胁模型是用于通过有意攻击机器学习模型以便发现网络隐藏漏洞从而优化机器学习模型的方法之一。可使用不同的攻击技术攻击此类威胁模型，以便理解各模型的稳健性。以下为 3 种不同类型的威胁模型以及相应的攻击模型。

1. 完美知识攻击者

此处，攻击者知道模型所使用的参数以及机器学习模型用来保护自身的检测技术。攻击者可利用此类信息规避实际的机器学习模型以及检测器。自适应白盒攻击可在此处用作攻击策略。假设攻击者可访问检测器，则攻击者对所使用的机器学习算法，其参数、超参数以及底层体系结构具有充分的了解。现在，入侵者的目标是构造损失函数并创建能够绕过检测器，从而欺骗机器学习分类器的对抗性样本。找到适当的损失函数是此类攻击的关键部分。

2. 有限知识攻击者

此处，尽管攻击者既无法访问所实施的实际检测器，也无法访问所使用的训练数据，但其知悉有关用于保护机器学习模型和训练算法的检测方案。

黑盒攻击是构造对抗性样本的最困难方法之一。顾名思义，攻击者总体上不会意识到底层架构和检测器的参数。黑盒攻击纯粹取决于本章前面所讨论的可传输性。入侵者可创建一个单独的训练数据集，其大小和质量与原始训练数据集相似，用于训练替代模型。

3. 零知识攻击者

此时，在缺乏有关机器学习模型及所用检测器知识的情况下生成对抗性样本。

强力攻击主要使用 CW 的攻击策略，然后检查防御程序是否能够检测到攻击。如果强力攻击未能攻击模型，则可以肯定的是，先前的两个攻击模型也将无法攻击检测机制。为此，威胁模型被视为非常弱，因为攻击者甚至不知道底层机器学习模型所采用的防御措施。

10.6 对图像分类和恶意软件检测的对抗性攻击

此处，我们将阐述先前章节中讨论的两种攻击方法，即生成对抗性样本的 GAN 和基于梯度的方法。人工智能通过协助开发无人驾驶汽车，从总体上颠覆了汽车行业。尽管其已存在多年，但由于在机器学习技术方面的进步，近来引起了大量关注。人们不断努力改善对象识别方法的效率，如语音识别、驾驶员监控、眼动追踪等，因为这将有助于构建基于人工智能的自动驾驶汽车。让我们假设以下场景：自动驾驶汽车在行驶过程中遇到横穿马路的动物，并且车内的机器学习模型将其检测为静止物体。此类错误识别会导致严重事故。这就是对抗性攻击可对采用不同技术的机器学习模型所执行的操作。此类技术会极大地影响我们的日常生活，如人脸识别、恶意程序检测、工业控制系统等。在以下各节中，我们将研究有关图像分类和恶意程序检测问题的对抗性攻击。

10.6.1 基于梯度的图像误分类攻击

在本节中，我们将尝试理解采用神经网络分类器对动物进行分类的代码，以及对网络作为输入所接收的任何动物进行错误分类的对抗性代码片段。

（1）任何实验的第一步都是导入所有必要的数据库。

keras. preprocessing import image 是 Keras 深度学习库的数据预处理模块，其提供用于处理图像的实用程序。inception_v_3 是在 ImageNet 上进行预训练的深度神经网络，可在 Keras 中公开使用。还有更多可用的预训练模型，如 VGG16、VGG19、Xception、ResNet50 和 MobileNet。我们可简便地使用此类神经网络架构的预训练权重，因为从头开始训练神经网络非常耗时。Keras 为模型级库，具有 TensorFlow、Theano 和 CNTK 的后端实现以及深度学习框架。PIL 代表 Python 图像库，可帮助处理采用不同文件格式的图像。

```
impor tnumpy as np
from keras. preprocessing import image
from keras. applications import inception_v3
from keras import backend as K
from PIL import Image
```

（2）此处，我们以猫的图像为例，加载预训练的 DNN 和动物图像。缩放图像，将像素强度维持在［1，1］。通过指定批次大小，定义应通过网络传播的样本数量。通过神经网络运行图像执行预测，并打印所做出的相应预测。

```
model = inception_v3. InceptionV3( )
img = image. load_img( " cat. jpg" , target_size = (299, 299))
input_image = image. img_to_array( img)
input_image / = 255.
input_image  - = 0. 5
input_image  * = 2.
input_image = np. expand_dims( input_image, axis = 0)
predictions = model. predict( input_image)
predicted_classes =
inception_v3. decode_predictions( predictions, top = 1)
imagenet_id, name, confidence = predicted_classes[0][0]
print( "This is a {} with {:. 4}% confidence!". format( name, confidence  * 100))
```

提供以下输出，将输入图像预测为埃及猫。

```
This is a Egyptian_cat with 72.3% confidence!（这是一只埃及猫,置信度为 72.3%!）
```

（3）现在，我们来看看如何欺骗网络，以便对猫的形象做出错误预测。在加载 Inceptionv3 模型后，请记住将神经网络的第一层和最后一层存储到两个变量中。以便确保在进一步处理后，返回我们打算制作的图像。不同数字对应于不同的图像，如859 用于烤面包机。从 ImageNet 中选择任何图像用于欺骗网络，然后将其对应的 ID 分配给变量。重复上一步中所述的所有过程。

加载待制作的图像、缩放图像，并为批处理大小添加一个额外的尺寸。

```
model = inception_v3. InceptionV3( )
model_input_layer = model. layers[0]. input
model_output_layer = model. layers[ -1]. output
object_type_to_fake = 859
img = image. load_img( "cat. jpg" , target_size = (299, 299))
original_image = image. img_to_array(img)
original_image / = 255.
original_image  - = 0. 5
original_image  * = 2.
original_image = np. expand_dims(original_image, axis = 0)
```

（4）接下来，计算待制作的图像失真（变化量）。指定每次迭代的学习率，以便网络了解如何在每次迭代中更新制作的图像。定义成本函数和梯度函数，并创建可用于计算当前成本和梯度的 Keras 函数。利用 while 循环调整制作的图像，以便在欺骗神经网络模型时展示更高的效率。最后，缩放并保存图像。

```
max_change_above = original_image + 0. 01
max_change_below = original_image 0. 01
hacked_image = np. copy(original_image)
learning_rate = 0. 1
cost_function = model_output_layer[0, object_type_to_fake]
gradient_function = K. gradients(cost_function,
model_input_layer)[0]
grab_cost_and_gradients_from_model =
K. function([model_input_layer, K. learning_phase()],
```

```
[cost_function, gradient_function])
cost = 0.0
whilecost < 0.80:
# Check the closeness of the image is to the target class(toaster) and grab the gradients to modify the image and alter it in that direction.
cost, gradients =
grab_cost_and_gradients_from_model([hacked_image, 0])
hacked_image += gradients * learning_rate
hacked_image = np.clip(hacked_image, max_change_below, max_change_above)
hacked_image = np.clip(hacked_image, -1.0, 1.0)
print("Model's predicted likelihood that the image is a toaster: {:.8}%".format(cost * 100))
img = hacked_image[0]
img /= 2.
img += 0.5
img *= 255.
im = Image.fromarray(img.astype(np.uint8))
im.save("hacked-cat.jpg")
```

（5）输出图像为埃及猫的制作图像，该图像被神经网络分类为烤面包机。

```
Model's predicted likelihood that the image is a toaster:1.5992288%
Model's predicted likelihood that the image is a toaster:1.7042456%
Model's predicted likelihood that the image is a toaster:1.8456187%
Model's predicted likelihood that the image is a toaster:1.9906914%
Model's predicted likelihood that the image is a toaster:2.1799866%
Model's predicted likelihood that the image is a toaster:2.4168948%
......
Model's predicted likelihood that the image is a toaster:41.074491%
Model's predicted likelihood that the image is a toaster:73.922229%
Model's predicted likelihood that the image is a toaster:88.298416%
```

10.6.2 使用生成对抗性网络创建对抗性恶意软件样本

我们知道，当今大多数恶意程序检测系统都采用机器学习算法，有效检测恶意应用程序。这是因为机器学习系统有助于使用静态和动态特征更有效地预测应用程序的恶意性质。在本节中，我们将研究如何使用 GAN 创建对抗性恶意软件样本。

首先，从 AMD 数据集或 VirusShare 获取必要的恶意软件样本。使用任何恶意软件分析平台（如 Cuckoo 沙箱）提取 API 特征。第一步是建造黑盒子探测器并对其进行训练；同样，构建和编译替代检测器并构建生成器。将恶意软件和噪声输入发生器，生成对抗性恶意软件样本。可在 https：//github. com/yanminglai/Malware-GAN 中获得此处所使用的代码。在恶意程序检测中，真阳性率（TPR）表示恶意软件的检测率。

一旦进行对抗攻击，TPR 的降低将表明检测算法仍未检测到恶意软件样本的成功率。

图 10. 1 所示为 TPR 在训练集和验证集上不同时期的变化。x 轴表示时期，而 y 轴表示 TPR。可以看到，当时期为 400 时，TPR 几乎变为零。此外，原始和制作样本的 TPR 还表明，检测器将制作的恶意软件识别为恶意软件样本的概率较低。

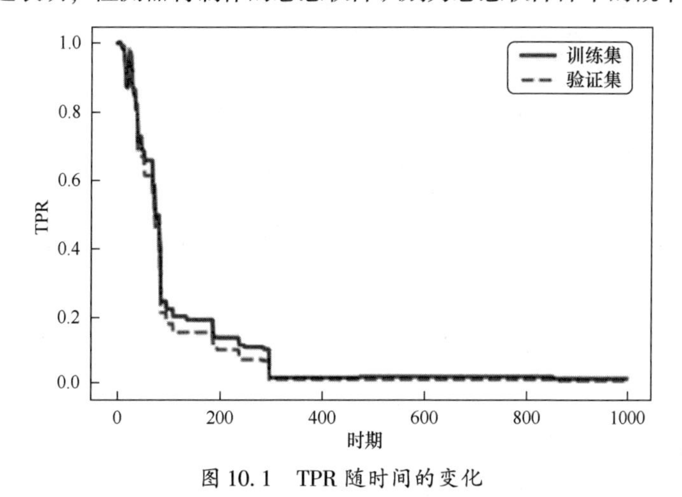

图 10. 1　TPR 随时间的变化

```
Original_Train_TPR:0. 979890310786106, Adver_Train_TPR:
0. 013711151736745886
Original_Train_TPR:0. 9854014598540146, Adver_Train_TPR:
0. 0072992700729927005
```

参考文献

1. Alpaydin, Ethem. 2014. *Introduction to machine learning*.
2. Ayodele, Taiwo Oladipupo. 2010. Types of machine learning algorithms. *In New advances in machine learning*. InTech.
3. Brownlee, Jason. 2016. Supervised and unsupervised machine learning algorithms.
4. Hierons, Rob. 1999. Machine learning. Tom M. Mitchell. Published by McGraw-Hill, Maidenhead, UK, international student edition, 1997. ISBN: 0-07-115467-1, 414 pages. Price: UK£ 22.99, soft cover. *Software Testing, Verification and Reliability* 9 (3): 191–193.
5. Knuth, Donald Ervin, Tracy Larrabee, and Paul M. Roberts. *Mathematical writing*, vol. 14.
6. Masnadi-Shirazi, Hamed, and Nuno Vasconcelos. 2009. On the design of loss functions for classification: theory, robustness to outliers, and savageboost. In *Advances in neural information processing systems*, 1049–1056.
7. Ng, Andrew. Linear regression.
8. Ng, Andrew Y., and Michael I. Jordan. 2002. On discriminative versus generative classifiers: A comparison of logistic regression and naive bayes. In *Advances in neural information processing systems*, 841–848.
9. Quinlan, J. R. 1986. Induction of decision trees. *Machine Learning* 1(1): 81–106.
10. Rokach, Lior, and Oded Maimon. 2005. Decision trees. In *Data mining and knowledge discovery handbook*, 165–192. Springer.
11. Shalev-Shwartz, Shai, and Shai Ben-David. 2014. *Understanding machine learning: From theory to algorithms*. Cambridge University Press.
12. Wasserman, Larry. 2013. *All of statistics: a concise course in statistical inference*. Springer Science & Business Media.
13. Das, Kajaree, and Rabi Narayan Behera. A survey on machine learning: Concept, algorithms and applications.
14. Dey, Ayon. Machine learning algorithms: A review.
15. Harrington, Peter. 2012. *Machine learning in action*. Shelter Island, NY: Manning Publications Co.
16. Langley, Pat. Crafting papers on machine learning.
17. Mohammad, Rami M., Lee McCluskey, and Fadi Thabtah. Phishingwebsites.
18. Marsland, Stephen. 2011. *Machine learning: an algorithmic perspective*, pp 1–25. Chapman and Hall/CRC.
19. Mitchell, Tom Michael. 2006. *The discipline of machine learning*, vol 9.
20. Nilsson, Nils J. (1996). Introduction to machine learning: An early draft of a proposed textbook.
21. Pedregosa, Fabian, Gaël Varoquaux, Alexandre Gramfort, Vincent Michel, Bertrand Thirion, Olivier Grisel, Mathieu Blondel, Peter Prettenhofer, Ron Weiss, Vincent Dubourg, et al. 2011. Scikit-learn: Machine learning in python. *Journal of Machine Learning Research* 12(Oct): 2825–2830.
22. Gunnar, Rätsch. A brief introduction into machine learning.
23. Richert, Willi. 2013. *Building machine learning systems with Python*. Packt Publishing Ltd.
24. Robert, Christian. 2014. Machine learning, a probabilistic perspective.
25. Simeone, Osvaldo et al. 2018. A brief introduction to machine learning for engineers. *Foundations and Trends® in Signal Processing* 12 (3–4): 200–431.

26. Welling, Max. A first encounter with machine learning.
27. Boutaba, Raouf, Mohammad A. Salahuddin, Noura Limam, Sara Ayoubi, Nashid Shahriar, Felipe Estrada-Solano, and Oscar M. Caicedo. 2018. A comprehensive survey on machine learning for networking: Evolution, applications and research opportunities. *Journal of Internet Services and Applications* 9 (1): 16.
28. Buczak, Anna L., and Erhan Guven. 2016. A survey of data mining and machine learning methods for cyber security intrusion detection. *IEEE Communications Surveys & Tutorials* 18 (2): 1153–1176.
29. Chan, Philip K., and Richard P. Lippmann. 2006. Machine learning for computer security. *Journal of Machine Learning Research* 7 (Dec): 2669–2672.
30. Conti, Mauro, Tooska Dargahi, and Ali Dehghantanha. 2018. Cyber threat intelligence: Challenges and opportunities. *Cyber Threat Intelligence*, 1–6.
31. Ford, Vitaly, and Ambareen Siraj. 2014. Applications of machine learning in cyber security. In *Proceedings of the 27th international conference on computer applications in industry and engineering*.
32. Ji, Tiantian, Yue Wu, Chang Wang, Xi Zhang, Zhongru Wang. 2018. The coming era of alphahacking?: A survey of automatic software vulnerability detection, exploitation and patching techniques. In *2018 IEEE third international conference on data science in cyberspace (DSC)*, 53–60. IEEE.
33. John, Teenu S., and Tony Thomas. 2019. Adversarial attacks and defenses in malware detection classifiers. In *Handbook of research on cloud computing and big data applications in IoT*, page to appear. IGI Global.
34. John, Teenu S., Tony Thomas, and Md. Meraj Uddin. 2017. A multifamily android malware detection using deep autoencoder based feature extraction. In *Proceedings of 9th IEEE International Conference on Advanced Computing, CoAC 2017*.
35. Kang, BooJoong, Suleiman Y. Yerima, Sakir Sezer, and Kieran McLaughlin. 2016. N-gram opcode analysis for android malware detection. arXiv:1612.01445.
36. Krishnan, Arya, Tony Thomas, Gayathri R. Nayar, and Sarath S.M. 2018. Liveness detection in finger vein imaging device using plethysmographic signals. *Advances in Intelligent Systems and Computing Series*, 251–260.
37. Nguyen, Khoi Khac, Dinh Thai Hoang, Dusit Niyato, Ping Wang, Diep Nguyen, and Eryk Dutkiewicz. 2018. Cyberattack detection in mobile cloud computing: A deep learning approach. In *Wireless communications and networking conference (WCNC), 2018 IEEE*, 1–6. IEEE.
38. Nunes, Eric, Casey Buto, Paulo Shakarian, Christian Lebiere, Stefano Bennati, Robert Thomson, and Holger Jaenisch. 2015. Malware task identification: A data driven approach. In *2015 IEEE/ACM international conference on advances in social networks analysis and mining (ASONAM)*, 978–985. IEEE.
39. Nunes, Eric, Ahmad Diab, Andrew Gunn, Ericsson Marin, Vineet Mishra, Vivin Paliath, John Robertson, Jana Shakarian, Amanda Thart, and Paulo Shakarian. 2016. Darknet and deepnet mining for proactive cybersecurity threat intelligence. arXiv:1607.08583.
40. Ragendhu, S.P., and Tony Thomas. 2019. Fast and accurate fingerprint recognition in principal component subspace. *Advances in intelligent systems and computing series*, page to appear.
41. Roopak, S., and Tony Thomas. 2014. A novel phishing page detection mechanism using html source code comparison and cosine similarity. In *2014 fourth international conference on advances in computing and communications (ICACC 2014)*.
42. Roopak, S., Tony Thomas, and Sabu Emmanuel. 2018. Android malware detection mechanism based on bayesian model averaging. *Advances in intelligent systems and computing (AISC)*, 87–96.
43. Roopak, S., Tony Thomas, and Sabu Emmanuel. 2018. Detection of malware applications in android smart phones. In *World scientific reference on innovation, volume 4: Innovation in information security*, 211–234. World Scientific.

44. Roopak, S., Athira P. Vijayaraghavan, and Tony Thomas. 2019. On effectiveness of source code and SSL based features for phishing website detection. In *First International conference on advanced technologies in intelligent control, environment, computing and communication engineering (ICATIECE-2019)*.
45. Shalaginov, Andrii, Sergii Banin, Ali Dehghantanha, and Katrin Franke. 2018. Machine learning aided static malware analysis: A survey and tutorial. *Cyber threat intelligence*, 7–45.
46. Veiga, Alberto Perez. 2018. Applications of artificial intelligence to network security. arXiv:1803.09992.
47. Devi, V.S., Roopak S., Tony Thomas, and Md. Meraj Uddin. 2019. Multi-pattern matching based dynamic malware detection in smart phones. In *Energy efficient computing & electronics: Devices to systems*, 421–441. CRC Press.
48. Xin, Yang, Lingshuang Kong, Zhi Liu, Yuling Chen, Yanmiao Li, Hongliang Zhu, Mingcheng Gao, Haixia Hou, and Chunhua Wang. 2018. Machine learning and deep learning methods for cybersecurity. *IEEE Access*.
49. Zamani, Mahdi, and Mahnush Movahedi. 2013. Machine learning techniques for intrusion detection. arXiv:1312.2177.
50. Zhang, Jason. 2018. Mlpdf: An effective machine learning based approach for pdf malware detection. arXiv:1808.06991.
51. Zhang, Peng, Tony Thomas, and Sabu Emmanuel. 2012. Privacy enabled video surveillance using a two state markov tracking algorithm. *Multimedia Systems* 175–199.
52. Zhang, Peng, Tony Thomas, Sabu Emmanuel, and Mohan S. Kankanhalli. 2010. Privacy preserving video surveillance using a pedestrian tracking mechanism. In *MiFor, ACM multimedia 2010*.
53. Zhang, Peng, Tony Thomas, and Tao Zhuo. 2015. An object-based video authentication mechanism for smart-living surveillance. In *The 2015 international conference on orange technologies (ICOT2015)*.
54. Zhang, Peng, Tony Thomas, Tao Zhuo, Wei Huang, and Hanqiao Huang. 2017. Object coding based video authentication for privacy protection in immersive communication. *Journal of Ambient Intelligence and Humanized Computing* 871–884.
55. Zhang, Peng, Yanning Zhang, Tony Thomas, and Sabu Emmanuel. 2014. Moving people tracking with detection by latent semantic analysis for visual surveillance applications. *Multimedia Tools and Applications* 991–1021.
56. Contagio mobile-mobile malware mini dump.
57. Virusshare malware dataset.
58. Weka 3—data mining with open source machine learning software in java.
59. Arp, Daniel, Michael Spreitzenbarth, Hugo Gascon, and Konrad Rieck. 2014. Drebin: Effective and explainable detection of android malware in your pocket.
60. Aung, Zarni, and Win Zaw. 2013. Permission-based android malware detection. *International Journal of Scientific & Technology Research* 2 (3): 228–234.
61. Bose, Abhijit, Xin Hu, Kang G. Shin, and Taejoon Park. 2008. Behavioral detection of malware on mobile handsets. In *Proceedings of the 6th international conference on Mobile systems, applications, and services*, 225–238. ACM.
62. Carrizosa, Emilio, Belen Martin-Barragan, and Dolores Romero Morales. 2010. Binarized support vector machines. *INFORMS Journal on Computing* 22 (1): 154–167.
63. Cortes, Corinna, and Vladimir Vapnik. 1995. Support-vector networks. *Machine Learning* 20 (3): 273–297.
64. Dai, Guqian, Jigang Ge, Minghang Cai, Daoqian Xu, and Wenjia Li. 2015. Svm-based malware detection for android applications. In *Proceedings of the 8th ACM conference on security & privacy in wireless and mobile networks*, 33. ACM.
65. Damodaran, Anusha, Fabio Di Troia, Corrado Aaron Visaggio, Thomas H. Austin, and Mark Stamp. 2017. A comparison of static, dynamic, and hybrid analysis for malware detection. *Journal of Computer Virology and Hacking Techniques* 13 (1): 1–12.
66. Egele, Manuel, Theodoor Scholte, Engin Kirda, and Christopher Kruegel. 2012. A survey on

automated dynamic malware-analysis techniques and tools. *ACM Computing Surveys (CSUR)* 44 (2): 6.
67. Ghanem, Kinan, Francisco J. Aparicio-Navarro, Konstantinos G. Kyriakopoulos, Sangarapillai Lambotharan, and Jonathon A. Chambers. 2017. Support vector machine for network intrusion and cyber-attack detection. In *2017 sensor signal processing for defence conference (SSPD)*, 1–5. IEEE.
68. Hearst, Marti A., Susan T. Dumais, Edgar Osuna, John Platt, and Bernhard Scholkopf. 1998. Support vector machines. *IEEE Intelligent Systems and their Applications* 13 (4): 18–28.
69. Kim, Donghoon, and Ki Young Lee. 2017. Detection of ddos attack on the client side using support vector machine. *International Journal of Applied Engineering Research* 12 (20): 9909–9913.
70. Kruczkowski, Michal, and Ewa Niewiadomska Szynkiewicz. 2014. Support vector machine for malware analysis and classification. In *Proceedings of the 2014 IEEE/WIC/ACM international joint conferences on web intelligence (WI) and intelligent agent technologies (IAT)*, vol. 02, 415–420. IEEE Computer Society.
71. Kumar, Ayush, and Teng Joon Lim. 2019. Edima: Early detection of IoT malware network activity using machine learning techniques. arXiv:1906.09715.
72. Lin, Chih-Ta, Nai-Jian Wang, Han Xiao, and Claudia Eckert. 2015. Feature selection and extraction for malware classification. *Journal of Information Science and Engineering* 31 (3): 965–992.
73. Nguyen, Minh Hoai, and Fernando De la Torre. 2010. Optimal feature selection for support vector machines. *Pattern Recognition* 43 (3): 584–591.
74. Rossi, Fabrice, and Nathalie Villa. Classification in hilbert spaces with support vector machines.
75. Sahs, Justin, and Latifur Khan. 2012. A machine learning approach to android malware detection. In *Intelligence and security informatics conference (EISIC), 2012 European*, 141–147. IEEE.
76. Shijo, P.V., and A. Salim. 2015. Integrated static and dynamic analysis for malware detection. *Procedia Computer Science* 46: 804–811.
77. Singh, Tanuvir. 2015. Support vector machines and metamorphic malware detection.
78. Sujyothi, Akshatha, and Shreenath Acharya. 2017. Dynamic malware analysis and detection in virtual environment. *International Journal of Modern Education and Computer Science* 9 (3): 48.
79. Tian, Ronghua, Rafiqul Islam, Lynn Batten, and Steve Versteeg. 2010. Differentiating malware from cleanware using behavioural analysis. In *2010 5th international conference on malicious and unwanted software (MALWARE)*, 23–30. IEEE.
80. Trzesiok, Michal. 2010. The importance of predictor variables for individual classes in SVM.
81. Wei, Fengguo, Yuping Li, Sankardas Roy, Xinming Ou, and Wu Zhou. 2017. Deep ground truth analysis of current android malware. In *International conference on detection of intrusions and malware, and vulnerability assessment*, 252–276. Springer.
82. Weston, Jason, Sayan Mukherjee, Olivier Chapelle, Massimiliano Pontil, Tomaso Poggio, and Vladimir Vapnik. 2001. Feature selection for SVMS. In *Advances in neural information processing systems*, 668–674.
83. Agarwal, Jyoti, Renuka Nagpal, and Rajni Sehgal. 2013. Crime analysis using k-means clustering. *International Journal of Computer Applications* 83 (4).
84. Bora, Mr., Dibya Jyoti, Dr. Gupta, and Anil Kumar. 2014. Effect of different distance measures on the performance of k-means algorithm: An experimental study in matlab. arXiv:1405.7471.
85. Burguera, Iker, Urko Zurutuza, and Simin Nadjm-Tehrani. 2011. Crowdroid: Behavior-based malware detection system for android. In *Proceedings of the 1st ACM workshop on security and privacy in smartphones and mobile devices*, 15–26. ACM.
86. Enayet, Omar, and Samhaa R. El-Beltagy. 2017. Niletmrg at semeval-2017 task 8: Determining rumour and veracity support for rumours on twitter. In *Proceedings of the 11th international*

workshop on semantic evaluation (SemEval-2017), 470–474.

87. Feizollah, Ali, Nor Badrul Anuar, and Rosli Salleh. 2018. Evaluation of network traffic analysis using fuzzy c-means clustering algorithm in mobile malware detection. *Advanced Science Letters* 24 (2): 929–932.
88. Feizollah, Ali, Nor Badrul Anuar, Rosli Salleh, and Fairuz Amalina. 2014. Comparative study of k-means and mini batch k-means clustering algorithms in android malware detection using network traffic analysis. In *2014 international symposium on biometrics and security technologies (ISBAST)*, 193–197. IEEE.
89. Finch, Holmes. 2005. Comparison of distance measures in cluster analysis with dichotomous data. *Journal of Data Science* 3 (1): 85–100.
90. Higbee, Kenneth. 1998. Mathematical classification and clustering.
91. Jain, Anil K., M. Narasimha Murty, and Patrick J. Flynn. 1999. Data clustering: A review. *ACM Computing Surveys (CSUR)* 31 (3): 264–323.
92. Kinable, Joris, and Orestis Kostakis. 2011. Malware classification based on call graph clustering. *Journal in Computer Virology* 7 (4): 233–245.
93. Lathiya, Shital, and M.B. Chaudhari. 2018. Cseit183780 | rumour detection from social media: A review. 10.
94. Li, Yuping, Jiyong Jang, Xin Hu, and Xinming Ou. 2017. Android malware clustering through malicious payload mining. In *International symposium on research in attacks, intrusions, and defenses*, 192–214. Springer.
95. Narra, Usha, Fabio Di Troia, Visaggio Aaron Corrado, Thomas H. Austin, and Mark Stamp. 2016. Clustering versus SVM for malware detection. *Journal of Computer Virology and Hacking Techniques* 12 (4): 213–224.
96. Pai, Swathi, Fabio Di Troia, Corrado Aaron Visaggio, Thomas H. Austin, and Mark Stamp. 2017. Clustering for malware classification. *Journal of Computer Virology and Hacking Techniques* 13 (2): 95–107.
97. Perdisci, Roberto, Wenke Lee, and Gunter Ollmann. 2014. Method and system for network-based detecting of malware from behavioral clustering, September 2 2014. US Patent 8,826,438.
98. Roux, Maurice. A comparative study of divisive hierarchical clustering algorithms. 2015. arXiv:1506.08977.
99. Samra, Aiman A. Abu, Kangbin Yim, and Osama A. Ghanem. 2013. Analysis of clustering technique in android malware detection. In *2013 seventh international conference on innovative mobile and internet services in ubiquitous computing (IMIS)*, 729–733. IEEE.
100. Prajakta, Ms., D. Sawle, and A.B. Gadicha. 2014. Analysis of malware detection techniques in android.
101. Singh, Archana, Avantika Yadav, and Ajay Rana. 2013. K-means with three different distance metrics. *International Journal of Computer Applications* 67 (10).
102. Ye, Yanfang, Tao Li, Yong Chen, and Qingshan Jiang. 2010. Automatic malware categorization using cluster ensemble. In *Proceedings of the 16th ACM SIGKDD international conference on Knowledge discovery and data mining*, 95–104. ACM.
103. Zubiaga, Arkaitz, Ahmet Aker, Kalina Bontcheva, Maria Liakata, and Rob Procter. 2018. Detection and resolution of rumours in social media: A survey. *ACM Computing Surveys (CSUR)* 51 (2): 32.
104. Zulfadhilah, Prayudi, Yudi Prayudi, and Imam Riadi. 2016. Cyber profiling using log analysis and k-means clustering. *International Journal of Advanced Computer Science and Applications* 7 (7).
105. Bansal, Roli, Priti Sehgal, and Punam Bedi. 2011. Minutiae extraction from fingerprint images-a review. arXiv:1201.1422.
106. Jon Louis Bentley. 1975. Multidimensional binary search trees used for associative searching. *Communications of the ACM* 18 (9): 509–517.
107. Bentley, Jon Louis. 1990. K-d trees for semidynamic point sets. In *Proceedings of the sixth*

annual symposium on Computational geometry, 187–197. ACM.
108. Beygelzimer, Alina, Sham Kakade, and John Langford. 2006. Cover trees for nearest neighbor. In *Proceedings of the 23rd international conference on Machine learning*, 97–104. ACM.
109. Dolatshah, Mohamad, Ali Hadian, and Behrouz Minaei-Bidgoli. 2015. Ball*-tree: Efficient spatial indexing for constrained nearest-neighbor search in metric spaces. arXiv:1511.00628.
110. Hong, Lin, Yifei Wan, and Anil Jain. 1998. Fingerprint image enhancement: Algorithm and performance evaluation. *IEEE Transactions on Pattern Analysis and Machine Intelligence* 20 (8): 777–789.
111. Jadhav, S.D., and A.B. Barbadekar. Euclidean distance based fingerprint matching. Citeseer.
112. Jain, Anil K., Salil Prabhakar, and Lin Hong. 1999. A multichannel approach to fingerprint classification. *IEEE Transactions on Pattern Analysis and Machine Intelligence*, 21 (4): 348–359.
113. Jiang, Liangxiao, Harry Zhang, and Jiang Su. 2005. Learning k-nearest neighbor naive bayes for ranking. In *International conference on advanced data mining and applications*, 175–185. Springer.
114. Karu, K., and Anil K. Jain. 1996. Fingerprint classification. *Pattern Recognition* 29 (3): 389–404.
115. Kibriya, Ashraf Masood. 2007. *Fast algorithms for nearest neighbour search*. Ph.D. thesis, The University of Waikato.
116. Kovesi, P.D. MATLAB and Octave functions for computer vision and image processing. http://www.peterkovesi.com/matlabfns/.
117. Kumar, Neeraj, Li Zhang, and Shree Nayar. 2008. What is a good nearest neighbors algorithm for finding similar patches in images? In *European conference on computer vision*, 364–378. Springer.
118. Li, Wenchao, Ping Yi, Wu Yue, Li Pan, and Jianhua Li. 2014. A new intrusion detection system based on KNN classification algorithm in wireless sensor network. *Journal of Electrical and Computer Engineering*.
119. Liao, Yihua, and V. Rao Vemuri. 2002. Use of k-nearest neighbor classifier for intrusion detection. *Computers & Security*, 21 (5): 439–448.
120. McCann, Sancho, and David G. Lowe. 2012. Local naive bayes nearest neighbor for image classification. In *2012 IEEE conference on computer vision and pattern recognition (CVPR)*, 3650–3656. IEEE.
121. Omohundro, Stephen M. 1989. *Five balltree construction algorithms*..
122. Pawar, Vaishali, and Mukesh Zaveri. 2014. Graph based k-nearest neighbor minutiae clustering for fingerprint recognition. In *2014 10th International Conference on Natural Computation (ICNC)*, 675–680. IEEE.
123. Prasath, V.B., Haneen Arafat Abu Alfeilat, Omar Lasassmeh, and Ahmad Hassanat. 2017. Distance and similarity measures effect on the performance of k-nearest neighbor classifier-a review. arXiv:1708.04321.
124. Raja, K.B., et al. 2010. Fingerprint recognition using minutia score matching. arXiv:1001.4186.
125. Rajani, Nazneen, Kate McArdle, and Inderjit S. Dhillon. 2015. Parallel k nearest neighbor graph construction using tree-based data structures. In *1st high performance graph mining workshop, Sydney, 10 Aug 2015*.
126. Rajanna, Uday, Ali Erol, and George Bebis. 2010. A comparative study on feature extraction for fingerprint classification and performance improvements using rank-level fusion. *Pattern Analysis and Applications* 13 (3): 263–272.
127. Shah, Shesha, and P. Shanti Sastry. 2004. Fingerprint classification using a feedback-based line detector. *IEEE Transactions on Systems, Man, and Cybernetics, Part B (Cybernetics)* 34 (1): 85–94.
128. Shakhnarovich, Gregory, Trevor Darrell, and Piotr Indyk. 2006. *Nearest-neighbor methods in learning and vision: Theory and practice (neural information processing)*.

129. Shi, Yang, Fangyu Li, WenZhan Song, Xiang-Yang Li, and Jin Ye. 2019. Energy audition based cyber-physical attack detection system in IoT, 05 2019.
130. Sitawarin, Chawin, and David Wagner. 2019. On the robustness of deep k-nearest neighbors. arXiv:1903.08333.
131. Sproull, Robert F. 1991. Refinements to nearest-neighbor searching ink-dimensional trees. *Algorithmica* 6 (1–6): 579–589.
132. Wieclaw, Lukasz. 2013. Gradient based fingerprint orientation field estimation. *Journal of Medical Informatics & Technologies* 22.
133. Bengio, Dr. Yoshua. Face recognition homepage.
134. Chakraborty, Dulal, Sanjit Kumar Saha, and Md. Al-Amin Bhuiyan. 2012. Face recognition using eigenvector and principle component analysis. *International Journal of Computer Applications* 50(10).
135. Goldstein, A. Jay, Leon D. Harmon, and Ann B. Lesk. 1971. Identification of human faces. *Proceedings of the IEEE* 59 (5): 748–760.
136. Lata, Y. Vijaya, Chandra Kiran Bharadwaj Tungathurthi, H. Ram Mohan Rao, A. Govardhan, and L.P. Reddy. 2009. Facial recognition using eigenfaces by PCA. *International Journal of Recent Trends in Engineering* 1 (1): 587.
137. Paul, Liton Chandra, and Abdulla Al Sumam. 2012. Face recognition using principal component analysis method. *International Journal of Advanced Research in Computer Engineering & Technology (IJARCET)* 1 (9): 135.
138. Samaria, Ferdinando S., and Andy C. Harter. 1994. Parameterisation of a stochastic model for human face identification. In *Proceedings of the second IEEE workshop on applications of computer vision, 1994*, 138–142. IEEE.
139. Sandhu, Parvinder S., Iqbaldeep Kaur, Amit Verma, Samriti Jindal, Inderpreet Kaur, and Shilpi Kumari. Face recognition using eigen face coefficients and principal component analysis.
140. Shemi, P.M., and M.A. Ali. A principal component analysis method for recognition of human faces: Eigenfaces approach.
141. Turk, Matthew, and Alex Pentland. 1991. Eigenfaces for recognition. *Journal of Cognitive Neuroscience* 3 (1): 71–86.
142. Turk, Matthew A., and Alex P. Pentland. 1991. Face recognition using eigenfaces. In *Proceedings CVPR'91, IEEE Computer Society Conference on Computer Vision and Pattern Recognition, 1991*, 586–591. IEEE.
143. Bengio, Dr. Yoshua. Facial keypoints detection kaggle.
144. Bourdais, Florian. A convolutional neural network for face keypoint detection.
145. Deshpande, Adit. A beginner's guide to understanding convolutional neural networks.
146. Alauthaman, Mohammad, Nauman Aslam, Li Zhang, Rafe Alasem, and M. Alamgir Hossain. 2018. A p2p botnet detection scheme based on decision tree and adaptive multilayer neural networks. *Neural Computing and Applications* 29 (11): 991–1004.
147. Burnap, Peter, and Matilda Rhode. 2018. Behavioural machine activity for benign and malicious win7 64-bit executables.
148. Advisors Enplus. 2017. Decision trees.
149. Gupta, Bhumika, Aditya Rawat, Akshay Jain, Arpit Arora, and Naresh Dhami. 2017. Analysis of various decision tree algorithms for classification in data mining. *International Journal of Computer Applications* 163 (8).
150. Han, Jiawei, Jian Pei, and Micheline Kamber. 2011. *Data mining: Concepts and techniques*. Elsevier.
151. Peng, Kai, Victor Leung, Lixin Zheng, Shangguang Wang, Chao Huang, and Tao Lin. 2018. Intrusion detection system based on decision tree over big data in fog environment. *Wireless Communications and Mobile Computing*
152. Quinlan, J. Ross. *C4. 5: Programs for machine learning*. Elsevier.
153. Rhode, Matilda, Pete Burnap, and Kevin Jones. 2018. Early-stage malware prediction using recurrent neural networks. *Computers & Security* 77: 578–594.
154. Taleqani, Ali Rahim, Kendall E. Nygard, Raj Bridgelall, and Jill Hough. 2018. Machine learning approach to cyber security in aviation. In *2018 IEEE international conference on*

electro/information technology (EIT), 0147–0152. IEEE.

155. Bailey, Michael, Thorsten Holz, Manolis Stamatogiannakis, and Sotiris Ioannidis. 2018. *Research in attacks, intrusions, and defenses: 21st international symposium, RAID 2018, Heraklion, Crete, Greece, 10–12 Sept 2018, Proceedings*, vol. 11050. Springer.
156. Bhowmick, Alexy, and Shyamanta M. Hazarika. 2016. Machine learning for e-mail spam filtering: Review, techniques and trends. arXiv:1606.01042.
157. Carlini, Nicholas, Guy Katz, Clark Barrett, and David L. Dill. 2018. Ground-truth adversarial examples.
158. Carlini, Nicholas, and David Wagner. 2017. Adversarial examples are not easily detected: Bypassing ten detection methods. In *Proceedings of the 10th ACM workshop on artificial intelligence and security*, 3–14. ACM.
159. Nicholas Carlini and David Wagner. Towards evaluating the robustness of neural networks. In *2017 IEEE Symposium on Security and Privacy (SP)*, pages 39–57. IEEE, 2017.
160. Chen, Pin-Yu, Yash Sharma, Huan Zhang, Jinfeng Yi, and Cho-Jui Hsieh. 2018. Ead: Elastic-net attacks to deep neural networks via adversarial examples. In *Thirty-Second AAAI conference on artificial intelligence*.
161. Dong, Yinpeng, Fangzhou Liao, Tianyu Pang, Xiaolin Hu, and Jun Zhu. 2017. Discovering adversarial examples with momentum. *CoRR*. arXiv:1710.06081.
162. Dong, Yinpeng, Fangzhou Liao, Tianyu Pang, Hang Su, Jun Zhu, Xiaolin Hu, and Jianguo Li. 2018. Boosting adversarial attacks with momentum. In *Proceedings of the IEEE conference on computer vision and pattern recognition*, 9185–9193.
163. Duddu, Vasisht. 2018. A survey of adversarial machine learning in cyber warfare. *Defence Science Journal* 68 (4): 356–366.
164. Goodfellow, Ian. 2016. Nips 2016 tutorial: Generative adversarial networks. arXiv:1701.00160.
165. Goodfellow, Ian, Jean Pouget-Abadie, Mehdi Mirza, Bing Xu, David Warde-Farley, Sherjil Ozair, Aaron Courville, and Yoshua Bengio. 2014. Generative adversarial nets. In *Advances in neural information processing systems*, 2672–2680.
166. Goodfellow, Ian J., Jonathon Shlens, and Christian Szegedy. 2014. Explaining and harnessing adversarial examples. arXiv:1412.6572.
167. Hu, Weiwei, and Ying Tan. 2017. Generating adversarial malware examples for black-box attacks based on gan. arXiv:1702.05983.
168. Kurakin, A., Ian Goodfellow, and Samy Bengio. Adversarial machine learning at scale. 2016. arXiv:1611.01236.
169. Madry, Aleksander, Aleksandar Makelov, Ludwig Schmidt, Dimitris Tsipras, and Adrian Vladu. 2017. Towards deep learning models resistant to adversarial attacks. arXiv:1706.06083.
170. Nataraj, Lakshmanan, Sreejith Karthikeyan, Gregoire Jacob, and B.S. Manjunath. 2011. Malware images: Visualization and automatic classification. In *Proceedings of the 8th international symposium on visualization for cyber security*, 4. ACM.
171. Nelson, Blaine, Marco Barreno, Fuching Jack Chi, Anthony D. Joseph, Benjamin I.P. Rubinstein, Udam Saini, Charles Sutton, J.D. Tygar, and Kai Xia. 2009. Misleading learners: Co-opting your spam filter. In *Machine learning in cyber trust*, 17–51. Springer.
172. Norton, Andrew P., and Yanjun Qi. 2017. Adversarial-playground: A visualization suite showing how adversarial examples fool deep learning. In *2017 IEEE symposium on visualization for cyber security (VizSec)*, 1–4. IEEE.
173. Papernot, Nicolas, Fartash Faghri, Nicholas Carlini, Ian Goodfellow, Reuben Feinman, Alexey Kurakin, Cihang Xie, Yash Sharma, Tom Brown, Aurko Roy, et al. 2016. Technical report on the cleverhans v2. 1.0 adversarial examples library. arXiv:1610.00768.
174. Sanjeevi, Madhu. Generative adversarial networks (gan's) with math.
175. Szegedy, Christian, Wojciech Zaremba, Ilya Sutskever, Joan Bruna, Dumitru Erhan, Ian Goodfellow, and Rob Fergus. 2013. Intriguing properties of neural networks. arXiv:1312.6199.
176. Vorobeychik, Y., M. Kantarcioglu, and R. Brachman. 2018. *Adversarial machine learning*. Synthesis Lectures on Artificial Morgan & Claypool Publishers.

177. Wang, Beilun, Ji Gao, and Yanjun Qi. 2016. A theoretical framework for robustness of (deep) classifiers against adversarial examples. arXiv:1612.00334.
178. Xiao, Chaowei, Bo Li, Jun-Yan Zhu, Warren He, Mingyan Liu, and Dawn Song. 2018. Generating adversarial examples with adversarial networks. arXiv:1801.02610.
179. Yuan, Xiaoyong, Pan He, Qile Zhu, and Xiaolin Li. 2019. Adversarial examples: Attacks and defenses for deep learning. *IEEE transactions on neural networks and learning systems*.
180. Zuo, Chandler. 2018. Regularization effect of fast gradient sign method and its generalization. arXiv:1810.11711.

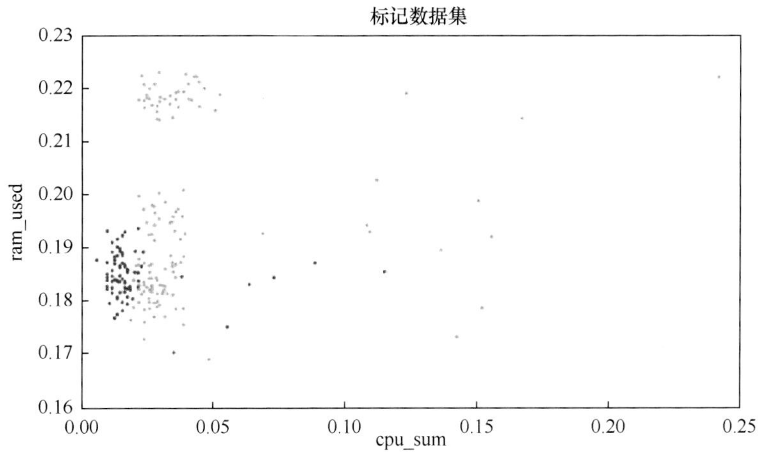

图 5.4　恶意软件 - 善意软件数据集

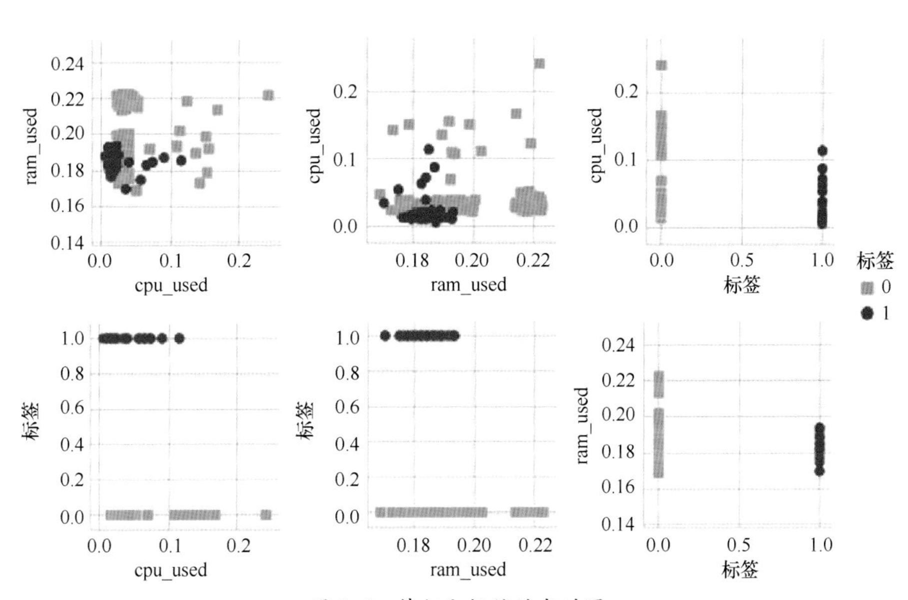

图 5.5　特征和标签的成对图